坚持，
一种可以养成的习惯

[日]古川武士 著
陈美瑛 译

目　录

第一章　为什么你不能坚持？　1

1.1　人生命运迥然不同的两个上班族 …………… 3
　　没耐性：吉田先生的故事　3
　　能持续：新井先生的故事　5
　　小小的行动产生"加倍回报"的结果　7

1.2　如刷牙般轻松，这就是"习惯" …………… 9
　　大脑自然的"习惯"　11

1.3　产生三分钟热度的"习惯引力"究竟是什么？　14

1.4　持续多久之后能够"习惯化"？ …………… 17
　　本书探讨的习惯　19

1.5　三个阶段就可以跃入"习惯的太空世界" … 21
　　最初的7天会有42%的人遭受失败　23

1.6　坚持下去就会出现奇迹 …………………… 25

1.7　以"农民"的眼光，撒下习惯的种子 …… 30
　　以长期的眼光培养习惯　31

1.8　七十项习惯清单建立"年度计划" ……… 34

1.9　"培养习惯之旅"的注意事项与指引 …… 37

第二章　顺利培养习惯的三个阶段　41

2.1　反抗期：在暴风雨中前行 …………………… 44

预防失败的"习惯培养三原则"　45

对策一：以婴儿学步开始　48

效　果　51

方　法　53

重　点　53

一定要每天持续执行　54

对策二：简单记录　55

效　果　58

方　法　59

重　点　59

2.2　不稳定期：要建立"持续行动的机制" ……… 64

提高行动的难度　65

对策一：行为模式化　66

效　果　68

方　法　68

重　点　69

对策二：设定例外规则　71

效　果　72

方　法　72

重　点　74

对策三：设定持续开关　75

　　　　效　果　76

　　　　方　法　78

　　　　重　点　78

2.3　倦怠期："习惯引力"最后的反抗 …………… 82

　　　倦怠期需要"变化"　83

　　　对策一：添加变化　84

　　　　效　果　85

　　　　方　法　86

　　　　重　点　86

　　　对策二：计划下一项习惯　89

　　　　效　果　90

　　　　方　法　91

　　　　重　点　92

第三章　十二个"持续开关"，让你远离失败　93

3.1　配合"持续开关"的诀窍，灵活运用开关 … 95

　　　糖果型开关（快感）　96

　　　处罚型开关（危机感）　98

3.2　糖果型开关一：奖励 ……………………………… 99

3.3　糖果型开关二：被称赞 ……………………………101

3.4　糖果型开关三：游戏 ………………………………103

3.5 糖果型开关四：理想模式 …………………… 105

3.6 糖果型开关五：仪式 …………………………… 107

3.7 糖果型开关六：去除障碍 …………………… 109

3.8 糖果型开关七：损益计算 …………………… 111

3.9 处罚型开关八：结交朋友 …………………… 113

3.10 处罚型开关九：对大众宣布 ……………… 115

3.11 处罚型开关十：处罚游戏 ………………… 117

3.12 处罚型开关十一：设定目标 ……………… 119

3.12 处罚型开关十二：强制力 ………………… 121

第四章　任何人都能够坚持：六个成功的故事　123

4.1 故事一：五分钟整理 ………………………… 125

　　培养习惯的建议　126

　　度过反抗期（第1天～第7天）的方法　126

　　度过不稳定期（第8天～第21天）的方法　127

　　度过倦怠期（第22天～第30天）的方法　128

4.2 故事二：学英语——利用"例外规则"减少行动的变动性 ……………………………………… 131

　　培养习惯时的建议　132

　　度过反抗期（第1天～第7天）的方法　133

　　度过不稳定期（第8天～第21天）的方法　134

　　度过倦怠期（第22天～第30天）的方法　135

4.3 故事三：节约——"习惯化原则"将引领你走向成功 ·········· 137
   培养习惯时的建议　138
   度过反抗期（第1天～第7天）的方法　139
   度过不稳定期（第8天～第21天）的方法　140
   度过倦怠期（第22天～第30天）的方法　141

4.4 故事四：减肥——三个月后苗条不反弹 ······ 143
   培养习惯时的建议　144
   消耗的热量大于摄取的热量　145
   度过反抗期（第1周～第3周）的方法　146
   度过不稳定期（第4周～第7周）的方法　147
   度过稳定期（第8周～第10周）的方法　148
   度过倦怠期（第11周～第13周）的方法　148

4.5 故事五：早起——把成长"视觉化" ········ 151
   培养习惯时的建议　152
   度过反抗期（第1周～第3周）的方法　153
   度过不稳定期（第4周～第7周）的方法　154
   度过稳定期（第8周～第10周）的方法　155
   度过倦怠期（第11周～第13周）的方法　155

4.6 故事六：戒烟——利用"去除障碍"的方式赶走香烟的诱惑 ············· 158
   培养习惯时的建议　159

度过反抗期（第1周～第3周）的方法　160
度过不稳定期（第4周～第7周）的方法　161
度过稳定期（第8周～第10周）的方法　162
度过倦怠期（第11周～第13周）的方法　163

结语　现在就播下习惯的种子！　166
拥有平衡的生活模式，人生才会全面并开阔　167
亲身实践，培养自我风格的"习惯化"　168

出版后记　173

第一章

为什么你不能坚持?

1.1　人生命运迥然不同的两个上班族

首先，让我向各位讲一讲吉田先生与新井先生的故事吧。这两位是完全不同类型的上班族，你可以对照一下，看看自己属于哪种类型。

没耐性：吉田先生的故事

吉田先生对于网络的发展动向非常敏感，他精力旺盛，充满挑战精神。

2003年，开始流行用电子报做传送信息的工具，吉田先生也跟上了这股潮流。他以自己的专业领域"业务力"为主题发行电子报，最开始的目标是每天都发行。他持续做了一星期电子报，后来因为工作繁忙而加班，于是改为隔日发行，接下来又变成了休三天发行一次。最后，因为觉得太麻烦了，干脆放弃了发行电子报的想法。

到了2004年，吉田先生又跟上了写个人博客的潮流，决定每两天发表一次自己的业务活动日志。一开始他觉得很新鲜，所以持续发表了三周左右。渐渐地，更新内容的频率降低，到了第二个月就完全不再更新了。

同样地，他也跟上了2006年社交网站的风潮，很早就到日本最具代表性的社交网站mixi注册，联系了高中时代的伙伴、工作上的朋友，总共增加了将近一百位联络人。不过，后来他又感觉腻了，最近也都不再登陆网站了。

到了2009年，吉田先生又加入了大家热衷的"推特"（Twitter）。他认为"推特"发布的讯息字数比博客少，应该可以坚持下去。结果，跟以前一样，他登陆网站的次数逐渐减少，三个礼拜后就不大更新，最近也几乎看不到他的留言了。

能持续：新井先生的故事

而吉田先生的同事新井先生，在2003年时也和吉田先生一样工作之余汇整时间管理的技巧，并发布电子报。由于事先就认识到每天发布的话工作量太大，所以他将目标设定为一周发布三次。虽然第一个月只有三十
人访问，但却收到了读者感谢的留言。有恒心的新井先生一年总共发出一百六十份电子报。一年过后，他获得了读者的好评，甚至有"粉丝"上门请教。而新井先生对读者的提问都能够仔细地回答。

到了第三年，有读者为了提高个人的工作效率，委托新井先生担任他的个人咨询顾问。当时，公司允许员工在外经营副业，因此新井先生开始电话做兼职咨询工作，每个月仅收五千日元①的咨询费。这时，新井先生初次尝到独立接案的喜悦。

第五年时，某商业杂志向新井先生发出邀请，想就时间管理这一主题采访新井先生。虽然采访稿只有小小的篇幅，也没有登出受访者的照片，不过，能登上杂志媒体，

---

① 按2016年日元对人民币汇率，1元人民币约为17日元。

已经是他意料之外的收获了。

采访的效果慢慢"发酵"后,新井先生接到的个人委托咨询案也增加了。再加上客户口耳相传,即便每月的咨询费提高到了三万日元,也能吸引十多个客户。新井先生利用电子报介绍咨询案件与客户的咨询过程,内容深得读者好评,读者的人数涨到了一万三千左右。

到了第七年,某家大出版社的编辑前来约稿,希望能把新井先生的电子报整理成书籍出版。由于电子报的总发行量共有一千多份,所以书的内容十分充实。对于新井先生而言,出版书籍曾经是他的梦想,所以他二话不说就答应了。三个月后,新井先生的书陈列在了书店的书架上。

从那时起,所有的事情一下子运作得很顺利。有读者委托咨询,也有公司委托新井先生举办演讲、研习课程等。另外,电子报的读者人数也跃升到三万二千人,这时也出现了企业的广告委托。甚至,有三家出版社主动提出希望出版新井先生的第二本书。当时新井先生以公司的工作忙碌为由拒绝了,但是后来他觉得这是他的才能和价值所在,因此新井先生辞掉公司的工作,自行创业。独立创业让他的收入远高于以前上班族的收入。

小小的行动产生"加倍回报"的结果

持续七年发行电子报,新井先生的收获为:

- 个人品牌(时间管理专家)
- 三万二千个电子报读者
- 时间管理的知识、技巧
- 获得了杂志采访的实际经验
- 十位个人咨询客户(三十万日元/月)
- 企业研习班、演讲(四十万日元/每月三至四次)
- 广告收入(十万日元/月)
- 出版个人书籍
- 创立自己的公司

新井先生的案例绝不夸张。虽然这是几个真实案例综合而成的故事,不过,实际上因坚持某件事而获得成功的案例真是不胜枚举。

另一方面,吉田先生又是如何呢?开始做一件事,不久又放弃,如此周而复始,过了七年之后什么也没留下来。既没有累积个人的信用,也没有累积实用的知识技巧。

从这两个案例可以学到一点,那就是习惯所产生的效果会通过"复利"而产生惊人的结果。就算是小小的行动，一旦重复累积，成果就会以"等比级数"倍增。还有，小小的行动最初可能成效很慢，但是到了某个时期就会产生"爆发性"的效果。问题在于大多数人都等不到那个时候，就自行放弃了。

铃木一郎在美国职业棒球联盟创下一年最多安打[①]记录时，说了这么一句话："获得惊人成绩唯一的途径，就是重复每一个小步骤。"

这句话正说明了"习惯"的力量！

[①] 安打是棒球及垒球运动中的专有名词，指打击手把投手投出的球击出到界内，使打击者本身能安全上到一垒。

1.2 如刷牙般轻松,这就是"习惯"

所谓习惯就是"不依赖意志或毅力,把自己想要持续的事情引导到如每天刷牙般轻松的状态"。总之,保持行动自动地持续进行,就是"习惯"。

各位读者当中,应该没有人对每天刷牙感到痛苦吧。而习惯也不仅限于刷牙这件事,运动、整理、节食、节约、写日记、用功读书、早睡早起等,只要养成习惯,任何事都可以自然地持续下去而感觉不到丝毫压力。

我们在不知不觉中养成了好多习惯。下面列出了一位上班族一天中所做的习惯性行为。

当然,这个上班族每天的行动多少有些差异,不过他几乎每天都依循着这些已经"习惯化"的模式度过一天。

同样地,我们在工作、私人生活的各种场合中,也

一整天无意识地重复的习惯案例

内容与目标

- 早上六点半起床
- 早餐吃饭团
- 悠闲地看三十分钟电视

- 七点半出门
- 依照固定的通勤路线上班
- 搭上七点四十五分的电车
- 八点四十分抵达公司

- 立刻检查电子邮件并回信
- 到熟悉的店家吃中饭
- 饭后在咖啡店喝冰咖啡
- 下午七点下班

- 回家途中在便利店买晚餐与配酒的小菜
- 回家后马上先洗澡
- 一边吃饭一边看电视
- 晚上九点打电话给朋友,聊三十分钟左右

- 一边看书一边听音乐
- 晚上十二点上床睡觉

都采取了已经成为习惯的行动,我们简直是"习惯的生物"。

世界知名的自我启发大师博恩·崔西在他的《焦点》一书中,说了以下这段话。

你的所有行动几乎全部,或至少有95%,是由你本人的习惯所决定的。从早上起床到晚上就寝,习惯控制着你的言行和对旁人的反应。而那些成功的人都培养了较好的习惯……所谓习惯,就是对于外来的刺激做出无意识的反应,或是条件反射式的反应。无论如何,当身体学会某种行动,不用思考或努力就可以轻松做出反应,这就是习惯。一旦某种行动化为习惯,就可以在无意识中进行控制。一旦化为习惯,就可以通过较少的劳功获得较大的成果。

心理学家也说,人类有95%的行动是在无意识中进行的,而大部分的无意识行动都是通过习惯产生的。

大脑自然的"习惯"

那么,为什么人会产生习惯?

原因是我们有意识的行为,其实是有限的。

如各位所知，人的意识分为表意识与无意识。我们的表意识一次只能做一件事。例如，我们没办法一边念英文，一边念数学，也无法一边认真地工作，一边规划暑假的行程。但我们可以一边思考，一边骑自行车，也能够一边吃饭，一边看电视。这是因为这些动作就算没有特别有意识地去做，也会记得手脚的动作顺序而做出行动。

从以上的例子可以看出，习惯就是把重复的行动化为无意识的行动（自动化）。对于重复的行动，我们不使用表意识，而是将其化为无意识的自动状态，这就是所谓的习惯。

习惯究竟是什么呢？其实习惯就是在脑中设定的程序。

从早上起床的时间到通勤路线、用餐时间等，大脑每天光是花时间计划这所有的事情，一天就结束了，根本没有多余的时间做其他的事。于是，大脑设定了一套程序，把固定而重复的行动化为无意识的重复动作。这就是习惯的真面目。

在这里，要了解的一项重点是，对于大脑而言，没有所谓好习惯或坏习惯的分别。

以大脑来看，这只是在一定时期内重复进行某项行动而已。无论好习惯或坏习惯，身体都会记住这项行动。反过来说，如果大脑能识别好习惯与坏习惯的话，"习惯"

就成为一个完美的程序，也是一支能够以较少的努力就得到期望结果的"魔棒"。

被动地被习惯支配或是巧妙地主动运用习惯，我们可以自由选择。

如果好好地运用习惯，将得到以下益处，也能够获得更充实的人生。

- 在工作上获得成果
- 促进人际关系
- 获得健康的身体
- 增加收入
- 对社会有所贡献

1.3 产生三分钟热度的"习惯引力"究竟是什么？

那么，为什么我们无法把自己想持续做的事情转化为习惯呢？

简单来说，那是因为人类具有"对抗新变化、维持现状的倾向"的特点。让我再详细说明一下吧。

环境变化时，生物会将生理状态维持在某一固定状态，这一状态称为"体内平衡"。我们因应外在的变化，保护自己的身体，通过这样的方式生存下去。

以体温为例好了。人类的正常体温为三十六点五度。身体平常一直维持在正常体温的状态。不管是气温高到摄氏四十度的酷夏，还是低到摄氏零度的寒冬，我们的身体都不会受到环境变化的影响，仍然维持在正常的体温。

另外，因感冒而发烧时，身体也会利用出汗的方式，拼命地冷却自身以调降体温。也就是说，身体一直努力地保持在正常体温的状态。

另外，以性格为例。

你是什么样性格的人呢？如果你的性格不断改变，将会出现什么情况呢？

例如，早上遇到非常善于社交的人，受到对方的影响，你就成为非常善于交际的人。接着遇到容易担心的人，听到让对方烦恼的事，你也变得凡事都放心不下。当与强势的人沟通时，你又变得具有攻击性。若是这样的话，你会变成怎样的人呢？

不管是身体或心理状态，如果不能维持在固定状态的话，就会被各种变化所影响。对于人类而言，保持在固定的状态会感觉比较舒适，变化则会被视为是一种威胁。

我认为"习惯"的过程（或者说"体内平衡"）也是一样。正因为身体对"培养新习惯"的变化感受到了威胁，所以大多数人对于新事物都是"三分钟热度"而无法勤奋地持续，最后就容易导致失败。

本书称这样的现象为"习惯引力"。

"习惯引力"具有两种功能：

功能一　抵抗新变化

如前面所解释的，培养良好的习惯（整理、运动、减重等）也一样，变化就是变化。因此，一旦打算培养新习惯，身体就会开始产生反抗，试图不被新的行为影响。这就是人会产生"三分钟热度"现象的内部机制，也是培养习惯之所以会这么困难的原因。对于人类而言，倒不如说中途失败才是正常的情况呢。

功能二　维持现状

一旦大脑认定某种行为跟往常一样，就会拼命地维持这种行为，这也是习惯引力的功能。抽烟、饮食过量等坏习惯很难改掉，就是因为大脑认为这些习惯"跟往常一样"所导致的。

另一方面，一旦大脑认为某项好习惯"跟往常一样"，坚持起来就简单了。

因此，若想要将某项行动转化为习惯的话，只要持续新习惯一直到大脑认为这项习惯"跟往常一样"就好了。这是迎合人类心理的方法。

1.4 持续多久之后能够"习惯化"?

前面提过,习惯引力的功能之一是"抵抗新变化"。那么,若想要战胜这种抵抗,培养新习惯的话,需要多长时间呢?

关于习惯化所需的时间有各种说法(二十一天说、一个月说、三个月说、六个月说)。不过,以结论来说的话,所需时间的长短依照想培养的习惯的种类而定。因为习惯不同,习惯引力作用的强度也不一样。

举例来说,以下三种习惯有可能在相同的时间培养出来吗?

① 写日记的习惯
② 减肥的习惯

③ 正向思考的习惯

在大家的认知里,不同习惯的难度(也就是习惯引力的强度)各有不同,因"习惯引力"所产生的抵抗强度依行为程度的变化、身体程度的变化、思考程度的变化而大有不同。若是行为变化程度很小,抵抗会较小。不过,如果身体觉得变化程度很大的话,伴随而来的就是较大的抵抗。培养新习惯也一样,因应变化程度的不同,习惯化所需的时间也各有差异。

程度一 行为习惯

行为习惯即每天规律的行为,例如,读书、写日记、整理、节约、记录家庭收支等。这些行为习惯根据工作或生活环境不同,比较具有弹性,所以对人类而言,培养行为习惯难度不大。

培养习惯的时间大约需要一个月。

程度二 身体习惯

身体习惯是与身体节奏相关的习惯。例如,减肥、运动、早起、戒烟、肌力训练等。

相较于行为习惯,培养身体习惯带来的变化对人的影响较大。

培养习惯的时间大约需要三个月。

程度三　思考习惯

这是与思考能力相关的习惯。例如，逻辑性思考能力、创意能力、正面思考以及纾压思考等习惯。

思考习惯与当事人的性格有关，所以对于变化所产生的抵抗也最强烈。

培养习惯的时间大约需要六个月。

如上所述，配合不同的变化程度，培养习惯所需要的时间也有所不同。

本书探讨的习惯

本书主要探讨的习惯是工作或生活中必须培养的良好习惯，也就是"程度一"的行为习惯。

不过，我想读者对于"程度二"的减肥或早起等习惯也会有兴趣，所以在第四章将会稍微提及。请注意，习惯养成的时间与阶段是不一样的。

关于"程度三"的思考习惯，等下次有机会再以专书介绍。

习惯的三种分类

程度一 行为习惯
- 所需时间：一个月
- 阅读、写日记、整理、节约等

程度二 身体习惯
- 所需时间：三个月
- 减肥、运动、早起、戒烟等

程度三 思考习惯
- 所需时间：六个月
- 逻辑思考能力、创意能力、正面思考等

1.5 三个阶段就可以跃入"习惯的太空世界"

在这个单元里,我将介绍培养行为习惯的三个阶段。

在《高效能人士的七个习惯》一书中,作者将宇宙飞船阿波罗11号的发射过程形容为:

"火箭升空的最初几分钟、几公里内所耗费的能量远多于后来几天、几十万公里旅程中所耗费的能量。"

"培养习惯的过程"就类似发射火箭的过程。

发射火箭时最困难的部分就在于穿过大气层。穿过大气层需要巨大的能量,这是因为火箭会被地心引力拉回地面的缘故。不过,一旦火箭进入太空,脱离了地心引力的影响,只需要很少的能量就能够前进。

把这样的现象套用在培养习惯上的话,地心引力就是"习惯引力"。只要有机可乘,"习惯引力"就会让人停止前进。

因此,突破大气层之前的过程就如同培养习惯的过程。太空就像已经习惯后的状态。

也就是说,一旦习惯形成之后,只需极少的精力就能够让习惯持续进行。这与火箭只需少许的能量就能够在无重力状态的太空中前进一样。

为了高效率地穿过大气层,火箭的设计必须相当精密。同样地,培养习惯的过程也需要缜密的设计。如果随随便便开始行动,极有可能会因为"习惯引力"的作用而遭到挫败。

访问培养习惯的成功者与失败者可以发现,如同火箭

习惯化的过程

太空(无重力)
习惯化状态

习惯引力　习惯引力

阶段三
倦怠期

阶段二
不稳定期

习惯引力

阶段一
反抗期

地球　大气层

习惯引力

穿过大气层一样,在习惯养成之前会有三大难关。

本书将这三大难关分为培养行为习惯的三个阶段。关于这三个阶段与各阶段应对的方法,我将在第二章进行详细说明。

- 阶段一 反抗期:马上就想放弃
- 阶段二 不稳定期:被预定事项或他人影响
- 阶段三 倦怠期:逐渐感到厌烦

最初的7天会有42%的人遭受失败

在咨询我的客户中,有150位客户接受了我的访问。我问他们大约在哪个时期遭遇失败,答案如下。

- 阶段一:反抗期(第1天~第7天),42%的人失败
- 阶段二:不稳定期(第8天~第21天),40%的人失败
- 阶段三:倦怠期(第22天~第30天),18%的人失败

在这里应该注意的是，我称为"反抗期"的最初7天，失败率高达42%。

"不稳定期"的失败率有40%，也很高，不过这一阶段长达14天。相对的，反抗期只有7天却有42%的失败率，显然这也是相当高的。

我们经常说"三分钟热度"，可以说从一开始到第7天是最大的难关。如果能更进一步突破不稳定期，你就成功了8成左右。

1.6 坚持下去就会出现奇迹

我以五个"假设"探讨如果坚持某个习惯的话，会得到什么结果。请确实感受一下习惯所带来的效果，以及你的目标习惯会为你的未来带来什么益处。

假设1 假设每天阅读三十分钟，持续三年后，效果会如何？

结论：你能够获得某个领域的专业知识。

说明：如果每天持续阅读30分钟，一个月则为900分钟，等于每个月花15个小时在阅读上。假设读完一本书需要3小时，一个月就能看5本书，三年就是180本。如果你持续钻研某个专业领域（业务、软件工程师、会计、总务、营销等）的话，就能够成为该领域的专业人士。

另外，有效地利用每天学习的知识改善工作效率，得到的结果也会不同。每天只花三十分钟，培养专业领域的阅读习惯，你觉得如何呢？

假设2 假设从三十岁到退休为止，每个月持续投资三万日元，效果会如何？

结论：到退休时有可能累积了一笔不小的资产。

说明：假如你现在三十岁，到退休之前的30年之间，每个月储蓄3万日元并投资在年报酬率12%的金融商品上，30年之后你就拥有9700多万日元的财富。虽然本金累计投入1080万日元，但是利用复利的方式，收益竟有十倍之多。

本书不详细解说资产的运用，也不提出不必要的建议。不过，如果你从三十岁开始就脚踏实地存钱的话，将来就有可能成为富翁。

假设3 假设每周提高3%的工作效率，持续5个月之后，效果会如何？

结论：你能够准时下班，也能够有更多休闲和自我成长的时间。

说明：假设你改善工作方式，每周提高3%的工作效率。例如减少上网的时间、会议提早十分钟结束、每天开始工作前拟定工作计划等。

提高3%的工作效率持续五个月（23周）之后，每周要用100个小时完成的工作可以减少到50个小时。光是提高3%的工作效率也会产生"复利"的效果，所以23周之后，工作的产能就会增长一倍。也就是说，这时只要付出一半的时间，就能够获得相同的工作成果。

因此，假设是每天需要工作12个小时（包含4小时加班时间）的勤劳上班族，能够在下班时间之前完成工作准时下班，就能多出两个小时来提高生活质量（为了让读者容易明白，所以在此不考虑休息时间）。

如上所述，累积小小的进步就会产生大大的成果，这种做法就跟丰田汽车的"持续改善"政策一样。

假设4 假设每天练习英文听力15分钟，持续一个月之后，效果会如何？

结论：可以不用通过字幕就轻松看懂自己最喜欢的外国电影。

说明：为许多企业进行英语培训的IDEA公司培训师杰森·塔基老师表示，通过以下五个学习步骤，英语听力将会得到很大提高：

- 阅读英文书籍
- 看字幕听内容
- 看英文字幕听内容
- 复诵对白
- 以相同的速度复诵

若利用电影提高英语水平的话，每天可看3分钟的电影片段进行练习，大约花15分钟就可以完成以上五个阶段。这么一来，3分钟的剧情就可以不借助字幕而看懂，若是短一点的电影，一个月就可以看完一部。以我个人的经验来说，不通过字幕看懂一部外国电影非常有成就感。由于是自己喜欢的电影，所以可以一边学习一边欣赏。

假设5 假设每天少吃一种零食，效果会如何？

结论：可以认养贫困地区的小孩。

说明：假设你每天固定花150日元买零食吃。若是把这150日元节省下来，30天就有4500日元。在日本世界展望会（World Vision Japan）这个NGO（非政府组织）机构中，只要每个月捐4500日元就可以认养一个贫穷地区的小朋友。

第一章　为什么你不能坚持？

　　我自己就认养了一个蒙古小孩。一旦成为认养人，展望会就会寄来小朋友写的信或卡片以及成长报告。这种心灵上的交流，会增添生活上的充实感。

1.7 以"农民"的眼光，撒下习惯的种子

在农业中，只有经过耕土、播种、浇水，用心培育之后，才能有收获。人生其实也跟"种田"一样，然而，人们却很容易受到讲授简单的知识技巧或实用性书籍的影响，而一味地追求"收获"。其实，无论是工作还是私人生活，若想要获得"丰富的果实"，必须长期培育"习惯的种子"。

我称这种观点为"培养习惯的农业眼光"。

菠菜与玉米、柿子等农作物的生长期完全不同，就是说，有短期就可收成的农作物，也有中长期才能结果的农作物。但是，播下不同生长期的种子才有可能获得丰富的成果。

举一个例子来说好了。

很久很久以前，某个村庄里有两名农夫。

其中一个农夫只种植马铃薯、萝卜、菠菜、小松菜、小黄瓜、茄子等30~90天就能收获的蔬菜。这些蔬菜的收获量既可以填饱农夫家人的肚子，也会有剩余能够分给左邻右舍。

另一个农夫也一样种马铃薯、萝卜、菠菜、小松菜、小黄瓜、茄子等短期可收获的蔬菜，不过，他只用60%的时间种植这些蔬菜。另外，他还用30%的时间种植南瓜、洋葱、牛蒡、大蒜及哈密瓜、西瓜、草莓等约半年才能收获的蔬菜、水果。最后，他用剩余10%的时间种植需花数年才能收获的柿子、桃子、苹果等。

五年后，两名农夫家的餐桌上的菜色就完全不同了。

只注重眼前收获的农夫家的餐桌上，都是短期就能收获的菜，所以食材没有变化，营养也不均衡。

而考虑均衡收获的农夫家的餐桌上，不仅有葱、萝卜、玉米、蕃茄等蔬菜，还有柿子、哈密瓜、草莓、桃子等水果。

以长期的眼光培养习惯

两名农夫之所以产生如此大的差别，原因在于有没有

"眼光"。

同时种植不同生长期的农作物，才能获得丰富的饮食。如果具备这样的眼光，就会播下不同的种子。

习惯也是一样。有可以马上看到效果的习惯，也有三年到十年才看得出效果的习惯。希望各位读者能够与获得丰富收获的农夫一样，拥有长远的眼光，培养各式各样的好习惯。

若要得到这样的结果，必须先弄清楚自己五年、十年后想成为什么样的人，想达成什么梦想，工作上想得到什么样的成就。如果长期目标够明确，自然就知道自己应该培养什么习惯。

短期习惯与中长期习惯的不同说明如下。

短期习惯

以农作物来说，培养短期习惯就像栽种马铃薯、萝卜、菠菜、小黄瓜、茄子、白菜、西红柿等30天到90天就能采摘的蔬菜。

培养短期习惯就是培养"马上可以看到结果的习惯"，例如整理、存钱、不看电视、减少开电子邮件的次数等。在商业社会，必须培养这种让行动变得高效的习惯。

中期习惯

培养中期习惯就如同栽种约半年才能成熟的蔬菜、水果,例如南瓜、洋葱、牛蒡、大蒜、高丽菜、葱、豆子以及哈密瓜、西瓜、草莓等。

中期习惯包括时间管理、写日记、考职业证等。

长期习惯

培养长期习惯就如同栽种需花三到十年才能有收成的苹果、柿子、桃子、梅子、柚子、橘子、梨、香蕉等水果一样。

长期习惯包括阅读、拓展人脉、健康管理等。

根据上述分类,请试着描绘你五年后、十年后的模样吧(包括工作、家庭、人际关系、经济、健康等要素)。

1.8 七十项习惯清单建立"年度计划"

当你描绘出自己五年、十年后的模样,接下来就该思考必须培养什么习惯了。

除了思考如何平衡工作、家庭、人际关系、经济、健康等因素之外,也请思考一下自己必须培养什么习惯。请参考下一页精选的"七十项习惯清单"。

行为习惯(不同于思考习惯)坚持一个月就会固定下来,所以一年能够培养十二个习惯。

请在表中,填写你认为必须培养的十二项习惯吧。

我想能够马上写出十二项习惯的人应该不多。不过,如果清楚目前自己的问题,自然就会看出应该培养哪些习惯了。请经常保持敏锐的"触角",一旦发现自己应该培养的习惯,就立刻补充上去吧。

七十项习惯清单

一、自我投资

阅读／影音学习／写日记／认识新朋友／学习专业知识／考资格证／参加研讨会、读书会／把在路上的时间转变为学习时间／利用博客、电子报发布信息／订阅刊物／重新检视人生计划／把一年的目标写在纸上

二、金钱

存钱／节约／投资／填写家庭收支簿／不赌博／请他人吃饭／捐款

三、心灵成长（压力、动力）

每天要说积极向上的话／冥想／每天写一件感恩的事／早上泡澡／每天都有一件期待的事／每周做一件有趣的事／整理／一天做三次深呼吸／听喜欢的音乐／问有建设性的问题／一天少做一件事（工作清单或备忘录）

四、运用时间

不看电视／拟定第二天的计划／限定看电子邮件的次数／拒绝聚餐的邀约／杂事统一处理／先处理最重要的三件事／列工作清单／严守下班时间／提早进公司／一次只集中在一件事上／不断改善对时间的运用

五、人际关系

经常称呼对方的名字／每天都要称赞他人／一天有40%的时间保持笑容／大声地与人打招呼／成为倾听的人／原谅他人／写交换日记／每天与重要的人交谈10分钟以上／不说抱怨、不满的话／先说结论／以双赢的目标思考

坚持，一种可以养成的习惯

六、健康、美
吃健康食品／把白米换成糙米／每天刷3次牙／吃天然食物／每天睡满7个小时／一天喝2升水／每天晒太阳30分钟／不喝酒／讲究穿着／均衡摄取营养★／饮食以蔬果为主★／戒烟★／肌力训练★／做有氧运动★／限制热量摄取★／按摩／做伸展运动

列表中出现★者，为需要三个月时间培养的身体习惯。

填写"习惯的年度计划"

第一个月＿＿＿＿＿＿＿＿＿＿＿＿＿＿＿＿＿＿＿＿＿＿＿＿＿＿＿＿

第二个月＿＿＿＿＿＿＿＿＿＿＿＿＿＿＿＿＿＿＿＿＿＿＿＿＿＿＿＿

第三个月＿＿＿＿＿＿＿＿＿＿＿＿＿＿＿＿＿＿＿＿＿＿＿＿＿＿＿＿

第四个月＿＿＿＿＿＿＿＿＿＿＿＿＿＿＿＿＿＿＿＿＿＿＿＿＿＿＿＿

第五个月＿＿＿＿＿＿＿＿＿＿＿＿＿＿＿＿＿＿＿＿＿＿＿＿＿＿＿＿

第六个月＿＿＿＿＿＿＿＿＿＿＿＿＿＿＿＿＿＿＿＿＿＿＿＿＿＿＿＿

第七个月＿＿＿＿＿＿＿＿＿＿＿＿＿＿＿＿＿＿＿＿＿＿＿＿＿＿＿＿

第八个月＿＿＿＿＿＿＿＿＿＿＿＿＿＿＿＿＿＿＿＿＿＿＿＿＿＿＿＿

第九个月＿＿＿＿＿＿＿＿＿＿＿＿＿＿＿＿＿＿＿＿＿＿＿＿＿＿＿＿

第十个月＿＿＿＿＿＿＿＿＿＿＿＿＿＿＿＿＿＿＿＿＿＿＿＿＿＿＿＿

第十一个月＿＿＿＿＿＿＿＿＿＿＿＿＿＿＿＿＿＿＿＿＿＿＿＿＿＿＿

第十二个月＿＿＿＿＿＿＿＿＿＿＿＿＿＿＿＿＿＿＿＿＿＿＿＿＿＿＿

1.9 "培养习惯之旅"的注意事项与指引

当习惯的年度计划做好之后,接下来就请开始"培养习惯之旅"吧。

如前所述,培养行为习惯分为三个阶段(反抗期、不稳定期、倦怠期),每个阶段的对策各有不同。

从第二章开始,我将针对各个阶段一一进行说明。不过,若想要切实培养习惯的话,请一定要将以下两件事深植于脑海。

前提一 每天持续行动

每天坚持行动,持续30天。每天坚持,就会把习惯的节奏渗透到身体内部,这样能降低失败率。

举例来说,两到三天才写一次工作日记的业务员,过了几年还是无法习惯写工作日记,而且每次写工作日记都感到很痛苦。而对于每天以一定节奏完成工作日记的业务员而言,写工作日记就不是一件苦差事。

从我以往帮助客户培养习惯的情况来看也一样。每天都行动,持续30天的人,与一周只做三四次的人比较,显然前者更容易成功。

成功培养习惯的秘诀在于,至少在30天的过程中,尽量减少什么都没做的空档。当然,30天之后,行动的频率降到一周3~4次也就没有关系了。

前提二　一定要坚持到底

培养一项习惯的前提是,在三个阶段中执行的各项对策一定都要持续30天。例如,在反抗期进行的"婴儿学步"或"记录"等,在后面的不稳定期、倦怠期中也要继续执行。

不稳定期进行的"模式化"、"例外规则"、"持续开关"等方法也一样。

依照这些前提,再来一一克服第二章介绍的每一个困难吧。

填写"习惯的年度计划"

第一个月＿＿＿＿＿＿＿＿＿＿＿＿＿＿＿＿＿＿＿＿＿＿＿＿＿＿＿＿

第二个月＿＿＿＿＿＿＿＿＿＿＿＿＿＿＿＿＿＿＿＿＿＿＿＿＿＿＿＿

第三个月＿＿＿＿＿＿＿＿＿＿＿＿＿＿＿＿＿＿＿＿＿＿＿＿＿＿＿＿

第四个月＿＿＿＿＿＿＿＿＿＿＿＿＿＿＿＿＿＿＿＿＿＿＿＿＿＿＿＿

第五个月＿＿＿＿＿＿＿＿＿＿＿＿＿＿＿＿＿＿＿＿＿＿＿＿＿＿＿＿

第六个月＿＿＿＿＿＿＿＿＿＿＿＿＿＿＿＿＿＿＿＿＿＿＿＿＿＿＿＿

第七个月＿＿＿＿＿＿＿＿＿＿＿＿＿＿＿＿＿＿＿＿＿＿＿＿＿＿＿＿

第八个月＿＿＿＿＿＿＿＿＿＿＿＿＿＿＿＿＿＿＿＿＿＿＿＿＿＿＿＿

第九个月＿＿＿＿＿＿＿＿＿＿＿＿＿＿＿＿＿＿＿＿＿＿＿＿＿＿＿＿

第十个月＿＿＿＿＿＿＿＿＿＿＿＿＿＿＿＿＿＿＿＿＿＿＿＿＿＿＿＿

第十一个月＿＿＿＿＿＿＿＿＿＿＿＿＿＿＿＿＿＿＿＿＿＿＿＿＿＿＿

第十二个月＿＿＿＿＿＿＿＿＿＿＿＿＿＿＿＿＿＿＿＿＿＿＿＿＿＿＿

第二章

顺利培养习惯的三个阶段

接下来就让我们来看看

"习惯之旅"的三个阶段与其对策吧!

阶段一

反抗期【第1天~第7天】：很想放弃

反抗期
第1天~第7天
很想放弃

失败率42%
总之就是撑下去
对策①以婴儿学步开始 对策②简单记录

2.1 反抗期：在暴风雨中前行

在第一阶段"反抗期"中，你可能会出现以下征状：

· 马上就感觉没劲，只有三分钟热度。
· 计划内容太过勉强，导致中途放弃。
· 时间一天天过去，变得越来越懒得行动。

若以天气来比喻的话，反抗期就如同面对狂风暴雨，是连站都站不稳的"洪水警报"状态。这时习惯引力十分强大，总之这是非常艰辛的时期。

挑战习惯化的商业人士中，许多人（42%）在最初的七天就是没办法渡过难关。在企业研习时，我观察周围的人，看到许多人总是说："哎呀，我真的很忙，没有时间""一开始的两三天执行了，但是……"他们最后都失败了。如前所述，让人找借口的原因就是强大的"习惯引力"。习惯引力可以说是培养习惯的最大难关，不过，反过来也可以说，如果度过反抗期，就等于你已经成功四成了。

那么，怎么样才能度过反抗期呢？

那就是只要把重心放在"撑下去"上就好。也就是说，"每天持续行动"是很重要的。说的夸张点，比如用功念书，那能够是每天打开书本就好；如果是跑步的话，做跑步前的热身运动也可以。这个阶段可以完全忽略行动量或结果。

克服反抗期有以下两项具体对策：对策一：以"婴儿学步"开始；对策二：简单记录。具体细节容之后再述。

预防失败的"习惯培养三原则"

说明培养习惯的具体方法之前，我一定要先说明一件重要的事。

在培养习惯的过程中失败率高的人，通常在一开始就失败了。所以，为了不眼睁睁地招来失败，在培养习惯时，请检视自己是否确实遵守以下三项原则。

原则一　锁定一项习惯（不要同时培养多项习惯）

失败的第一个原因是太贪心，想同时培养两种习惯。

例如，很多人在减肥时，通常会同时进行饮食控制与运动，这是最典型的高失败率的例子。因为，习惯引力会针对不同的习惯产生作用，如果同时培养多项习惯，就会承受多倍"习惯引力"。因此，除非你的意志力坚强过人，或是迫不得已，否则这样是很辛苦的。

若要培养习惯，请先挑战一项习惯，等达成目标之后，再继续挑战下一项习惯吧。千万不要太贪心啊。

原则二　坚持有效的行动（行动规则越简单越好）

失败的第二个原因就是行动规则太多、太复杂。

以学英文为例，假设你设定了以下的行动规则：

- 在电车上练听力
- 每周上两次英语对话课
- 利用零碎时间背单词
- 晚上花一个小时学语法
- 周六、日花5个小时念托业（TOEIC）

就算你只锁定一项习惯，但是行动规则太复杂，光是记就记不住，想持续执行就更困难。

复杂的事情容易失败，简单的事物容易坚持，这是真理。建议读者先决定一项最有效的行动，先将这项行动化为习惯。若要做到这点，就要广搜信息，听听该领域的专家或旁人的建议。

原则三　不要太在意结果

失败的第三个原因是过度在意结果，导致行动节奏被打乱。

例如，本来设定在三个月内将TOEIC的分数提高200分，所以开始培养每天学习两小时的习惯。即便如此，一个半月之后模拟考分数也只增加了50分。这时，对于这样的结果你会感到焦虑，所以决定每天早上多背一个小时单词，在去公司的路上练习听力，周六、日花5个小时认真写作业。就算你这么做，我也可以预见你的计划太过勉强而可能导致失败。

另外，以减肥为例。如果你每天都称体重，看到每个月体重只减了1-2公斤会感到很焦急。或许各位读者也有类似的经验。这时你可能会为了想早点达到目标而不吃中餐，或是每天只摄取1200卡路里热量，采取极端的减肥手段。当然，这么做可以暂时收到成效。不过，后面随之而来的，就是让人更不能忍受的反弹。

就算一个月体重只减一公斤，以这样的速度持续推进计划，六个月就能减6公斤，这也是很大的成果，而且还不容易反弹。

以专注目标来提高动力是很有用的，我也肯定这样的做法，不过，前提是绝对不能打乱习惯的行动节奏。首先应该重视的是培养习惯本身才对。

对策一：以婴儿学步开始

若想要突破反抗期的话，"以婴儿学步开始"非常有效。

所谓婴儿学步就是"小宝宝学走路"，简单说就是"从小地方开始"的意思。

在反抗期中，由于习惯引力的作用太强，很容易让人产生放弃的念头。因此，不要大规模地进行改变，从小着手效果会更好。

人本来就很容易陷入"完美主义的陷阱"。如果想达到完美境界的想法太过强烈，无法达到目标的话，反而会无法做任何行动，这时完美主义就会成为行为的阻碍。

以我自己为例。当我成为社会新人的第一年，我被分配到业务部,一开始,主管就委托我写一份项目的企划书。如果是系统的企划书,通常有30页到100页。我为了这份企划书烦恼了两三天,却一个字也写不出来。最后我只好找主管商量。这时主管只问了我几句话。

"你连封面都不会写吗?""至少你可以写目录吧?"听了这几句话,我突然顿悟。我光想着企划书的完成型态,却没把焦点放在自己能做的事上。

因此,我打开企划书的写作软件,先做出封面,再参考过去的企划书,自己试着写出目录。结果,这项工作就这么地顺利进行下去了。虽然在工作中也与主管稍微讨论过,不过,最终还是靠自己两天内完成了这份企划案。

还有一个例子。我原本就很胆小,为要不要接受激光近视矫正手术而感到犹豫。由于我一直对手术感到恐惧,所以这次我也以"婴儿学步"的方法面对。总之,我打算先要一份手术的介绍来看看。接下来,为了消除不安的情绪,我去医院听医生对手术的说明,同时接受了免费的检查。结果,在这个过程中,我的恐惧感逐渐消失,两个礼拜后我就接受激光手术了。

如果你因为害怕而不敢行动,或因为嫌麻烦而无法付诸行动,用"婴儿学步"的方法一定适合你。

我们经常说"千里之行始于足下"。有能力迈出第一步的人、有办法把第一步化为行动的人，就是具有行动力的人。

事实上，擅长培养习惯的人都具有在反抗期中"绝对不勉强，从小处开始行动"的倾向。

另一方面，会失败的人从一开始就很容易把行动的难度定得太高，于是，随着热情下降，行动就会变得麻烦而无趣。

这样的人经常会说出"我想做，但是没有时间"、"我提不起劲"等借口。其实，世界上没有人会忙到连5分钟的时间都抽不出来。而且，如果只是5分钟，再怎么不擅长的人也能够持续下去。通常，这种人自己会随便提高行动的难度，并让自己在这当中受苦。

不好意思，我又要举我自己的例子了。以前，我怎么都无法培养整理的习惯，所以我的房间一直都处于凌乱不堪的状态。因为我觉得整理房间很麻烦，所以一直无法开始行动，导致房间越变越乱。

有一次，我把目标设定为只花15分钟整理，而不是让房间变干净。结果，这样就轻松地踏出了整理的第一步，持续了3天、一星期、三星期。当我察觉到时，发现整理这件事对于我已经不再棘手了。

我本来无意识地设定了"把房间整理干净"的高门

槛，后来我把目标改为"整理15分钟"，才顺利地踏出了第一步。

这种情况跟培养慢跑的习惯一样。完全不运动的我，一下子设定了第一天就跑一个小时。如此高的门槛就如同登上富士山山顶般困难。

因此，在反抗期我以"婴儿学步"开始，改为"穿上运动服走15分钟"，这样就能够轻松开始了。过了一阵子，当我习惯走路之后，自然地就会形成出门慢跑的良性循环了。

在习惯引力强力作用的反抗期，任何人都会觉得很难熬。不过，利用"婴儿学步"的方法，你就会逐渐感到习惯了。实际地运用身体行动，你就会确实感受到身体产生的持续动力。

虽然培养习惯的方法很多，不过，"婴儿学步"的应用最为广泛。无论你把行动的门槛降到多低，请一定要注意每天都累积一小步。

效　果

以"婴儿学步"开始会得到以下两种效果。

效果一　行动压力较小

就算是很小的行动也没关系，刚踏出的第一步很轻松，也很容易付诸行动。例如，如果想培养阅读习惯，不管多累，也都要把书翻开5分钟，这样简单的设定才很容易执行。

就算你的行动本来应该做"100分"，现在只做了"1分"也没关系。从"习惯化"的观点来看，这一分也是很重要的，与什么都不做有很大的差别。

在反抗期中，"0与1"的差别远远大于"100与1"的差别，这样说一点也不夸张。

就算下雨或是工作回家晚了，只要你设定的是能够执行的一小步，你就能够持续地行动。

效果二　引发动力

一旦踏出最初的一小步，后面的行动就可以顺利地进行了。

研究大脑的科学家池谷裕二所著的《大脑》一书中提到，通过运动身体，动力会不断地产生。也就是说，只要踏出一小步，身体就会充满干劲，当自己察觉到时，就会发现自己在不知不觉中已经前进了很多步了。

方　法

设定"婴儿学步"时，有以下两种方法可行：

方法一　细分"时间"

- 5分钟整理
- 15分钟阅读
- 3分钟写日记
- 15分钟跑步

方法二　细分"步骤"

- 只整理一个房间
- 读一页书
- 写一行日记
- "走路"而非跑"马拉松"

重　点

设定婴儿学步时，请务必遵守以下的重点。

重点一　设定容易执行的门槛

降低行动的门槛很重要。把门槛设定到就算是加班、聚餐也一样能够做到的状态，以无论什么样的状况都能够执行为前提，彻底降低行动标准吧。

不过，设定最低标准并不代表不能做出高于标准的行动。降低第一步行动的门槛只是为了行动更容易而已。

重点二　抛开不足感

或许有人感受不到"婴儿学步"的重要性。越无法坚持的人，越无法看到整理5分钟或阅读一页书这些小事的重要性。但如果能试着回想过去失败的经验，就会发现如果刚开始的7天中设定小小的目标，每天持续进行，这样的确更能够轻松地持续下去。

我必须一再重复，在反抗期时，无论多么小的目标，对于培养习惯都有相当大的意义。

一小步也是通往成功之路的重要过程，希望读者对于每一小步都加以重视。

一定要每天持续执行

我在讲培养习惯的前提时也说过，一定要每天行动。

行为习惯在固定之前一定要每天都执行，这是最大的前提。坚持30天之后，如果已经习惯了，每周降至3—4次也没关系。不过，在习惯之前，请一定要每天执行。

那么，下面请针对你想培养的习惯，设定适当的起步计划吧。

对策一：从婴儿学步开始

_____

_____

_____

对策二：简单记录

当你设定符合自己的"婴儿学步"计划之后，接下来就是"简单记录"。

说到"记录"，很多人脑中就会感到麻烦而有逃避的心态。不过，记录在培养习惯的过程中，却能发挥巨大的成效。

记录的效果在于能够消除"随意"的感觉，客观地掌握事实。

如果打算节省金钱的话，从"记录家庭收支"开始最好，能够看到记录的效果。

不记录而开始节约的人，多半会做出以下几种行为：

- 尽量不开空调
- 总是抢购超市关门前的特惠商品
- 不买瓶装果汁,自己带水
- 聚餐时总是挑便宜的餐厅
- 去便宜的美容院

像这样,一年365天,一天24小时都抱持着节约的态度而行动。但是,这些努力却看不到效果。因为在这期间丝毫找不到"记录"。

如果要节约的话,首先就要填写家庭收支簿。这样就能够从客观的数字中判断造成浪费的原因,并明确应该降低哪项支出。若是"凭感觉随意行动",在还没有看到成果之前就会失败。

冈田斗司夫所著的《别为多出来的体重抓狂》中介绍了一种"笔记瘦身法"的减肥妙招,减肥者只需记录每天的饮食内容与体重。我身边有许多人用这个方法减肥成功了。

冈田说:"笔记瘦身法的目的,就是让人停止为肥胖做出无谓的努力。"如果清楚自己在超市商店所买的果汁与零食的热量,就会知道自己为肥胖做了多少无意义的努力,也自然会减少摄取不该摄取的热量了。

第二章 顺利培养习惯的三个阶段

　　我自己也在减肥期间记录每天所摄取的热量。通过这个方法，我明白聚餐时我摄取了3000~5000卡路里，深夜的零食也有1000~1500卡路里热量。于是，我尝试避免不必要的聚餐，也戒掉了深夜吃零食的习惯。

　　培养时间管理的习惯也是一样。虽说这么做效率不高，不过也不要马上就决定"缩短午餐时间"、"早上早出门"等。首先要以15分钟为单位，详细地记录时间的运用状况，持续观察两周。以我个人来说，我找到了两项工作成果不如预期的原因，其一是没有完整的休息时间，导致整体的工作效率低下，再者就是处理杂物的时间比想象的多。

　　以此类推，如果能够定量分析原因，就能够利用小小的努力获得大大的成果。

　　节约、写日记、学英文、早起……所有的"习惯"都能够通过记录来检视。如果能够实在地感受到这些小成果的话，动力就会逐渐提高，行动才能持续下去。

　　只是，记录这件事的难度本身就不低，所以建议读者一定要采用不麻烦的方法做简单的记录。

效　果

做简单记录可以获得以下三种效果。

效果一　能够客观地分析并了解问题

如前所述，如果了解问题的所在，就能够减少无谓的努力。

效果二　减少行动的不确定性

当我询问客户培养习惯的进度时，对方有时候会回答"大概都能做到"、"有时候没做"等模糊不清的答案。于是，我再追问："大概有几天做到？""你说有时候没做，到底有几天没做？"这时，对方通常会被我问得哑口无言。

不过，如果持续记录的话，就可以客观地管理自己的行为，并掌握现实行动与理想目标之间的差距了。另外，对没有执行的空栏也会产生罪恶感，从而能改善行为的不确定性。

效果三　提高动力

通过持续记录行动，能够量化自己的行动并将行动视觉化，从而可以产生自信、提高动力。这能够让我们看出每天执行小行动的意义，以及深切反省偷懒的原因。

如果再花点功夫做出图表的话，效果会更好。

方　法

若要简单地记录，可以采用以下两种方法。

方法一　思考记录内容（要记录哪些项目？）

- 只记录完成目标"○"和未完成目标"×"
- 除"○"和"×"之外，记录行动的内容、数值

方法二　思考记录的媒介（要记录在哪里？）

- 纸张（检查表、日历、记事本等）
- 电子媒介（电话、电脑、计步器、心跳表等）

重　点

简单记录时，请遵守以下重点：

重点一　不要过于繁琐

贪心地想记录许多项目或是制作不必要的专用表格，

都是不能坚持记录下去的原因。

另外，目的不同，记录的内容也会有所不同。与目的无关的项目不用记录。

确实了解"做麻烦的事＝走向失败"的观念，请记得尽量以轻松的方法做简单的记录。

例如，如果打算减肥，就在体重计前贴上记录表格，只填日期与体重。如果打算学英文，就把记录表夹在教科书上，以"○"和"×"的形式记录当天是否用功，记录内容顶多再加上读过的页数。

记录的工具要放在方便填写的地方或随身携带，这些都是减轻负担的方法。

若要简单记录，必须锁定"内容"

配合目的，把记录内容减到最少

第二章　顺利培养习惯的三个阶段

重点二　一定要每天记录

简单记录的目的，当然就是帮助自己坚持行动。

记录是把习惯持续下去的强力工具。若想要检视每天的成效，持续行动是很重要的。持续记录能改善行为模式、提高动力，所以不只在反抗期，在培养习惯的一个月内都要每天做记录。

对策二：简单记录

内容

媒体

※ 各阶段的对策可以统一记录在本书最后的工作表中，非常方便，请多多利用。

阶段二

不稳定期【第 8 天 ~ 第 21 天】：容易被影响

不稳定期

第 8 天 ~ 第 21 天

容易被影响

失败率 40%

建立习惯机制

对策①模式化
对策②设定例外规则
对策③设定持续开关

2.2 不稳定期：要建立"持续行动的机制"

在"反抗期"时，采用"婴儿学步"的方法就不会被其他事情影响。不过，进入第二阶段的"不稳定期"后，由于门槛提高，常会出现以下征状：

- 在已安排好的时间内插入其他事情而荒废计划
- 因为加班或个人私事导致计划中断
- 因为天气或突发事件导致多日无法持续行动

在不稳定期中，经常会被加班或突发事件等非固定事件所影响。例如，工作忙到只能搭最后一班车回家。到家之后，除了睡觉做不了其他任何事。或朋友突然约吃饭，回到家后已经醉得什么都不想做了。如果没有执行预定计划而被旁人影响的话，对好不容易订出来的计划，也会产生"管他的，好麻烦，真无聊"的感觉，结果就可能导致失败。

若想度过不稳定期，就要"建立能够持续的机制"。

善于培养习惯的人会采取有弹性的计划（如果加班，则只阅读五分钟，如果突然有聚会，则换个日子跑步），以度过不稳定期。

另外，可以巧妙地采取各种维持动力的方法，例如找朋友一起行动或设定奖励机制等。

我们的生活并不会全然照着我们的想法进行，我们也无法控制外在的环境（临时的工作或气候变化）。为了坚持计划而拒绝加班，这种做法不符合现实，同理，再怎么想跑步，也不可能叫老天爷停止下雨。

对于各种突发事件建立有弹性的"动力机制"，才能巧妙地应对困难。

提高行动的难度

在反抗期中执行的"婴儿学步"计划，比实际想培养的行为习惯简单许多，因此，进入不稳定期之后，就要把难度提高到自己本来要求的程度。

假设本来的计划是花两个小时学英文,这时就应该把门槛提高为每天学习两小时。

不稳定期的对策大致可分为以下三项:

> 对策一:模式化
> 对策二:设定例外规则
> 对策三:设定持续开关

设想一下你生活或工作中可能会发生的各种状况,建立起最适当的应对机制吧。

对策一:行为模式化

所谓"行为模式化",是指把你想培养的习惯化为固定的模式(时间、做法、地点),并认真执行。

如前所述,我们在不知不觉中培养了好多习惯。这些习惯被嵌入到每个人的生活之中,所以我们每天都会重复做出习惯性的动作。

因此,请把你想培养的习惯化为正确而规律的行为模式吧。比起每天在不同地点或不同时间点采取行动,重复已化为模式的行动会更加容易。这就是成功培养习惯的捷径。

例如,许多上班族早晨一到公司就马上检查电子邮件。如果不看就觉得浑身不对劲。同样地,每天都在上午六点起床的人,就算是假日也会在六点钟就自动醒来。

如果新的习惯已经养成的话,你就会在无意识中做出相应的动作。

通过行为模式化,如果你不在某个时间做某件事就觉得浑身不对劲的话,那你就成功地培养了这个习惯。

就我自己来说,我把时间划分为如图所示的阶段,所有的事情都事先定好开始与结束的时间点。

通过"行为模式化"让培养习惯变得容易

19:00 ~ 20:00	处理杂事
20:00 ~ 20:30	阅读做笔记
20:30 ~ 20:45	练习英文听力
20:45 ~ 21:00	花15分钟整理

把习惯嵌入日常生活的节奏中，就能够无意识地重复行动了。

效　果

通过行为模式化可以得到以下两种效果。

效果一　培养节奏感

相同时间、相同地点开始做相同的事，利用这样的方式把固定的节奏渗透到身体里，可以顺利在无意识中开始活动。

效果二　不容易忘记

如果做事太随机的话，就会因"不小心忘记"而导致行动中断。不过，一旦建立了固定的行动节奏，身体就能适应"不做不行"的状态。

方　法

若想要模式化，可以采用以下三种方法。

方法一 时间：决定星期几、几点开始

例如：每周一、三、五晚上八点开始阅读。

方法二 内容：决定数量与方法

例如：每天花三十分钟听CNN的英语新闻。

方法三 地点：决定地点

例如：在上班途中、办公室、家中或附近的咖啡店学习。

重　点

行为模式化期间，请务必遵守以下几项重点。

重点一 尽量找出不被侵犯的"圣地"

利用不容易被工作或私事影响的时间最好。例如，如果利用每天开始工作前的时间，就不容易被安排好的事情影响。

当然，我们很难一开始就做到最好。经常会发生"打算早晨七点开始学习，结果没睡够而无法集中精神""计划晚上八点阅读，结果经常被偶发事件影响"等情况。所以，请

在实际生活中多方尝试，如果无法顺利进行就改变做法，找到最佳行为模式，并把此模式"嵌入"日常生活当中。

重点二　考虑一举两得的做法

如果把行动安排在上班途中或午休时间，就不需要为培养习惯另安排时间了。

重点三　每天持续行动

理由如前所述。如果你"每周周一、周三、周五、周日练习一小时英文听力的话，可以在周二、周四、周六这三天各练习5分钟或10分钟，持续下去，30天之后，就可以恢复正常。

对策一：模式化

日期

内容

场所

对策二：设定例外规则

计划再怎么周全，想要一整个月都遵守，也是极为困难的。

例如，就算决定每天学习一个小时，也会发生"因工作突然出现问题导致加班""被主管骂心情不好""没睡饱感觉疲倦，提不起劲""参加聚会喝醉了，无法集中注意力"等各种突发状况。

如果因为这类突发事件导致行动总是被中断的话，可能就会产生自我厌恶感或无力感，继而提不起劲，最后就容易失败。

因此，设定"例外规则"就显得很重要。"例外规则"是对不规律发生的事件预先制定应对规则的弹性应对机制。由于事先制定了"例外规则"，突发状况发生时就能够灵活应对。例如，当你感到心情低落、疲倦时，只读一页书也没关系；晚上十一点以后才回家时，在电车上背单词也行。像这样的规则，可以自己事先设定好。

设定例外规则并不是为了宠溺自己，而是为了让计划保持弹性。灵活运用"模式化"与"例外规则"，就能够培养固定的行动节奏，从而弹性地培养习惯。特别是对于完美主义者，很容易有极端的想法，认为如果做得不够完美就跟没有做一样。这时,设定"例外规则"就能够带来良好的促进效果。

效 果

通过设定例外规则,可以得到以下两种效果。

效果一　有弹性地执行计划

遇到突然加班、气候变化或身体不适等突发事件时,能够灵活应对,这样就能够持续原先设定的计划。建立"例外规则",反而能够遵守"行为模式化"。

效果二　减少压力

如果无法遵守已经决定的事情,会产生自我厌恶或无力感,继而感受到压力。通过应用"例外规则",就能够完成既定事项,减轻不必要的压力。

方　法

设定例外规则时,可以采用以下两个步骤。

方法一　考虑例外状况

A：身体状况（疲倦、提不起劲、感觉不舒服、感冒等）

B：气候（太热、太冷、下雨、下雪等）

C：预定事项（突然加班、聚餐等）

方法二　考虑应对方法

A：以"婴儿学步"的方式行动

请活用反抗期所设定的"婴儿学步"计划吧。只做5分钟或15分钟运动，或是只读一页书——这样就可以轻松地完成预定计划。

B：替换

第二天加倍完成目标，或将星期天晚上七点预留出来，不做任何的安排。

C：设定特别的日子

"光明正大"地中断一次行动，也是一种方法。由于这是"例外规则"，所以会容易原谅自己。

当然，在30天中最好每天都执行计划，所以请尽量选择方案A吧。

重　点

设定例外规则时，请遵守以下重点。

重点一 假设可能发生的例外状况

事先就要假设好各种变动因素。

每个人的生活节奏不同，请参考上文，尽可能想出能够适用于"例外规则"的状况。

重点二 一边尝试一边变更"例外规则"

实际行动时才会发现意料之外的事情会接连不断地发生。如果发生意料之外的状况，就设定新的"例外规则"吧。另外，如果觉得已经设定的例外规则运作不良时，请将其改为更符合自己需要的规则吧。

对策二：设定例外规则

―――――――――――――――――――――――――――

规则一

―――――――――――――――――――――――――――

规则二

―――――――――――――――――――――――――――

规则三

对策三：设定持续开关

"持续开关"是善于培养习惯的人为了能够持续行动所设计的一些巧妙的方法。

例如，学习时，有人会奖励自己以提升干劲，也有的人会把目标分数写在纸上为自己加油打气，还有人认为跟朋友一起用功学习才有效果。慢跑等运动也是一样，有的人报名参赛以追求成绩和记录；有的人定好跑步的时间，每天孜孜不倦地往目标前进；还有的人设定好理想的身材，每天看着模特儿的相片以提高干劲。

总之，每个人的"持续开关"各有不同。

笔者把这些窍门一般化，挑出培养任何习惯都适用的12个"持续开关"。

由于适用于每个人的"持续开关"各有不同，所以读者可以从多个选项中自由选择。可以从12项"开关"中，选出自己感兴趣的条目进行阅读。

根据心理学的说法，积极行动的动力来源分为"产生快感"与"回避痛苦"两种。

简单来说,当人获得快感或是为了回避痛苦时,就容易采取行动。根据这个理论,本书将12种开关分为"糖果型开关"与"处罚型开关"两大类。

在讨论"习惯"的相关书籍中,大部分内容都是作者依照自己的喜好写许多"把自己逼得走投无路"的计划,或总是建议采取奖励的方法。而我认为这些方法对读者不见得都是好的。

本书提供的12个决窍,可以供读者根据自己的性格自由选择,我认为应该把重点放在思考方法上。

那么,请选择自己觉得适合的决窍吧。

效　果

设定"持续开关"可以得到以下两种效果。

效果一　能够获得动力

当感觉自己快要失败时,如果掌握激励自己的诀窍,就能够控制动力。以发射火箭来比喻的话,即随时可以点燃辅助燃料以帮助加速前进。

十二个"持续开关"

1. 糖果型开关(快感)

利用快感(糖果),推动自己的行动。

1	奖励	通过奖励突破眼前的困难
2	被称赞	塑造被称赞的气氛以提升干劲
3	游戏	以游戏开启行动,提升自己的热情
4	理想模式	设定理想目标,让自己更进步
5	仪式	举行小小的仪式,驱除怠惰的心情
6	去除障碍	去除阻碍行动的因素,减轻压力

2. 处罚型开关(危机感)

利用惩罚,推动自己的行动。

7	损益计算	投资时塑造失败就会亏损的环境
8	结交朋友	结交培养相同习惯的朋友,不容许自己安逸
9	对大众宣布	对大众发表宣言,塑造后无退路的状态
10	处罚游戏	利用处罚游戏击退借口
11	设定目标	设定目标,引发达成目标的欲望
12	强制力	通过与他人约定、塑造严苛的环境、时间限制等,逼迫自己进入不得不做的状况

> **效果二** 建立能够持续的机制

一周看两次外国电影作为学英文的奖励,或一周预约两次英文课,每周日与跑马拉松的朋友绕日本皇宫跑一圈等都能帮助自己建立持续的行为模式。善于培养习惯的人,知道让自己持续行动的诀窍,并能将这些行动化为固定模式。若想要巧妙地模仿他们的话,请从这12种开关中找出适合自己的选项。把"开关"组合在行动中,建立起一套行为机制,这样就能够持续行动。

方 法

本书列出了12项能让人持续的"开关"。各项"开关"的详细内容、案例等,请参考本书第三章。

重 点

设定持续开关时,请务必重视以下几点。

> **重点一** 了解自己擅长的事

"结交朋友"或"对大众宣布"这两种方法哪种更有效?请回顾过去,找出自己的行为倾向。

如果暂时还没有想法，可以回头阅读相关说明，把自己觉得不错的项目标示出来。

重点二 不同的习惯有不同的"开关"

有时候所培养的习惯不同，采用不同的"开关"效果会更好。

以我自己而言，戒烟时的"开关"是"对大众宣布"，不过，慢跑时则是"游戏"的"开关"比较有效。所以，针对不同的习惯，我会做出不同的选择。

每培养一个新习惯时，请好好地思考，选出最适合自己的"持续开关"吧。

对策三：设定"持续开关"

_____

开关一

_____

开关二

_____

开关三

_____

坚持，一种可以养成的习惯

开关四
_____

开关五
_____

各"开关"内容将在下文中说明。

阶段三

倦怠期【第 22 天～第 30 天】：感到厌烦

倦怠期
第 22 天～第 30 天
感到厌烦

失败率 18%
加上变化
对策①加上变化 对策②计划下一项习惯

2.3 倦怠期:"习惯引力"最后的反抗

在第三阶段的"倦怠期"中通常会出现以下几种症状:

- 感觉厌烦提不起劲
- 感受不到培养习惯的意义
- 因一成不变而产生空虚感

在培养习惯的过程中,最后阶段的倦怠期最容易产生一成不变的感觉。这时候可能会无法感受到持续行动的意义或会产生不满足感。这些情绪都会化为"好像没有意义""好无聊""感觉好烦"等放弃行动的借口,而找各种放弃行动的借口也是这个时期的特征。

不过,请不要被这些借口打败,因为这些借口都是来自于"习惯引力"的最后影响。

过去你是否曾经有过类似的经验——明明已经持续运动了一段时间,坚持戒烟或早起了很久,眼看着就要习惯这些行为了,但是却突然失去了热情,也感受不到持续的意义。其实这是因为你已经开始要适应"新习惯"了,习惯引力为了维持现状而设法抵制你所做的一切,做出最后的反抗。

另外,倦怠期是身体已经逐渐习惯新行动的时期,乍看好像这个时期行动已经成为习惯,但如果在这时疏忽大意,最后也很有可能会失败。

所以,为了培养良好的习惯,请一定要巧妙且谨慎地度过倦怠期。

倦怠期需要"变化"

若想顺利克服倦怠期的困难,无论如何都要"注意变化"。请通过改变环境或是利用不同的"持续开关"等方法,在一成不变的状态下加上变化吧。

倦怠期的对策有以下两项。

对策一：添加变化
对策二：计划培养下一个习惯

任何人培养习惯时，都可能面临行动一成不变的状况。所以，如何在30天的计划中添加创意是成功培养习惯的关键。

对策一：添加变化

如果一直持续做同样的事，任何人都会对单调感到厌烦，因此人们常常会开始找借口，或因突然找不到意义而放弃这件事。日本大学毕业生春天毕业后进入新公司工作不久，会马上就出现"五月病"，也有许多人已经习惯了一份工作却在第三年突然想辞职，一成不变就是这些状况的主要原因。

培养习惯也是一样，在倦怠期中花点巧思添加变化的话，便能够有效度过这段时期。

以前有个电视节目访问相扑选手贵乃花，问他如何培养走路的习惯。贵乃花说，为了培养这项习惯，他每天出门走路时，都会戴上不同款式的太阳眼镜。因此，他在家中准备了大约20副太阳镜（想象贵乃花早上就开始很开心地选太阳镜的画面，感觉还挺有趣的）。

贵乃花从少年时期开始就一直在相扑界发展，退休后顺利减肥成功。从他现在的外表丝毫看不出相扑选手的痕迹。可见贵乃花已经成功地掌握了持续的奥秘。我想，贵乃花为了避开一成不变，自然领悟到了"添加变化"的重要性吧。

如果打算学习英文，请准备好不同的教材；如果跑步，就请经常改变跑步路线；如果减肥，可以在菜单上添加各种创意。一旦感觉一成不变时，就应该灵活应对。所以，请多多思考不同的变化方式吧。

效　果

"添加变化"能够得到以下两种效果。

效果一　以崭新的心情重新出发

利用变化打破单调的气氛，以崭新的心情重新出发。

效果二　产生动力

因心情低落而消失的动力会再度涌现。

方　法

制造变化可以采用以下两种方法。

方法一　改变内容、环境

例如，改变学英文用的教材、改变学习环境、学习时听音乐、点精油灯等，改变能够带来新鲜感。

方法二　使用"持续开关"

请采用跟不稳定期不同的"持续开关"吧。

例如"请专家指导训练课程""组团一起跑步"等等。很多人用这种方法能突破一成不变带来的挫败感。我的恩师谷口贵彦先生自己就组建了一个马拉松团队，他常对周遭的人宣扬跑步的好处，组建团队自然地能让持续跑步的机制顺利运作。

重　点

添加变化时必须注意以下几点。

重点一　以"一举两得"的角度思考

这里所谓的"一举两得"，指"通过一个习惯得到两倍收获。例如,"一边听英文一边整理""一边听有声书一边跑步""把看电影转变为学英文的工具",等等。虽然同时培养两种习惯违反之前谈到的原则,不过若能产生附加效果就没有关系。

重点二 **准备多种选择**

变化越丰富越好,所以建议至少要先想好三个可以选择的活动。

先不管是否会用到,为了应对培养习惯时出现的"一成不变",选择越多就越稳当。

思考能"一举两得"的习惯吧

现有的习惯+新的行动,
相当于"有价值"的变化

重点三　不要轻易改变模式或规则

中途改变不稳定期所建立的行为模式或"例外规则",极容易摧毁已建立的习惯节奏。请勿以变化为目的而轻易地改变行为模式或"例外规则"。

不过,在行为模式中,更改场地或内容是没有关系的。

对策一:添加变化
_____

方法一
_____

方法二
_____

方法三
_____

对策二：计划下一项习惯

在倦怠期中，还有一件事必须预先做好，就是"思考下一项要挑战的习惯，并开始拟定计划"。定好培养习惯之后的努力目标，会不断增加好的习惯。

前文提过，若想要得到丰富的收获，持续播下"习惯的种子"是必要的。请有计划性地拟定方案，一旦培养一项习惯之后，马上就进行下一个习惯计划。

顺带提一下，我经常拟定为期一年以上的习惯清单，并且定期检查这份清单里各项习惯的优先等级。

以我的经验来说，如果在培养一个习惯的过程进行到八成时拟定下一项习惯计划的话，不仅会提高现阶段的动力，也能够以新的心情投入新的行动。

在倦怠期最后阶段计划下一项习惯就是为了建立习惯的连贯性。你要不断地为培养习惯投注心力，如此才能获得良好习惯所带来的甜蜜果实。

坚持，一种可以养成的习惯

习惯清单范例

第一个月	英文听力（15分钟）
第二个月	英文阅读（30分钟）
第三个月	肌力训练（第一个月）
第四个月	肌力训练（第二个月）
第五个月	肌力训练（第三个月）
第六个月	阅读、做笔记（15分钟）
第七个月	改善饮食生活（第一个月）
第八个月	改善饮食生活（第二个月）
第九个月	改善饮食生活（第三个月）
第十个月	打坐（10分钟）
第十一个月	泡澡（30分钟）
第十二个月	写作（30分钟）

此为笔者于2009年制定的清单。培养关于身体的习惯请以三个月为标准。

效 果

通过计划下一项习惯，可以得到两个效果。

效果一 **可以看到现在培养习惯的经过**

通过拟定培养下一个习惯的计划，能够再次感受到目前培养习惯所获得的成就，如此一来，倦怠期就可以变得有趣。

效果二 **提高培养习惯的能力**

本书的目的就是为了提高培养习惯的能力。所以，一旦学会"习惯化"的过程与方法，也就不需要本书了。而这正是最有力的成果。

方 法

若想计划培养下一项习惯，可以采取以下两种方法。

方法一 **把目标倒过来计算**

请针对优先度高的习惯，重新检视第一章中所列的"习惯的年度计划"清单。

方法二 **拟定计划**

为了培养"习惯化"的能力，请使用新的工作清单拟定计划吧。

建议第一、二次都要如实填写。从第三次开始就已经"上手"了,这时就没有必要重新填写了。

重 点

计划下一项习惯时,请遵守以下重点。

重点一　排列优先级

培养习惯会耗费许多心力,所以请慎选对你自己而言最有效的习惯。这时,建议你从多个选项中挑出优先级高的习惯。

重点二　就算已经拟好计划也不要执行

无论如何,一般原则是一次只培养一个习惯,所以现在只要拟定计划就行。一旦一个计划完成,就马上投入新的计划。太贪心将会导致失败。

对策二:计划下一项习惯

想挑战的习惯

第三章

十二个"持续开关",让你远离失败

3.1 配合"持续开关"的诀窍,灵活运用开关

本章将针对前面提过多次的"持续开关",系统归纳整理其特色与使用方法。

请在本章中找到可以帮助你持续行动的"开关",这些开关可以预防在不稳定期或倦怠期中的失败。

现在,我要简单提醒读者,"持续开关"的目的在于提升动力,建立持续行动的机制。

我必须一再重复,我归纳这些"持续开关"是为了让任何人培养任何习惯时都能够应用。

为了让各位读者能够应用这些方法,我会以抽象的方式解释具体的安排。当读者将其对应到自己培养的习惯时,请把"开关"转换为"创意"。为了让读者容易操

作,笔者在各个"开关"的说明之下,也会标记好思考的重点与案例。

另外,若有以前执行过的方法也可以记录下来,作为日后的参考。

那么接下来,我将针对各项"开关"进行说明。

糖果型开关(快感)

利用快感(糖果),推动自己的行动。

1	奖励	通过奖励的力量突破眼前的困难
2	被称赞	塑造被称赞的气氛以提升干劲
3	游戏	以游戏提升自己的热情
4	理想目标	设定理想目标,让现在的自己更进步
5	仪式	通过举行小小的仪式,驱除怠惰的心情
6	去除障碍	去除障碍,减轻压力

第三章 十二个"持续开关",让你远离失败

灵活运用十二种"持续开关"

处罚型开关(危机感)

利用危机感(处罚),推动自己的"行动开关"。

7	损益计算	投资,制造失败就会亏损的状况
8	结交朋友	结交培养相同习惯的朋友,不容许自己安逸
9	对大众宣布	对大众发表宣言,造成没有退路的状态
10	处罚游戏	利用处罚游戏击退借口
11	设定目标	设定目标,引发达成目标的欲望
12	强制力	通过与他人约定、制造严苛的环境、时间限制等,逼迫自己进入"不得不做"的状况

3.2 糖果型开关一：奖励

内　容

通过奖励的力量，
突破眼前的困难

重点一　思考奖励与习惯的相关性
　　请优先考虑与习惯相关的奖励吧。相关性越强，促进行动的力量也越大。

重点二　设定喜欢的事物
　　设定培养某个习惯后，就可以得到喜欢的东西（蛋糕、啤酒、衣服等）。

案例一　学英文
　　（例）每周看一部自己喜欢的外国电影。

案例二　早起
　　（例）上班前到知名饭店吃自助早餐。

案例三　写日记
　　（例）写完日记就可以喝一杯啤酒。

3.3 糖果型开关二：被称赞

内 容

营造被称赞的气氛，
以提升干劲

重点一　选择称赞你的对象

请从朋友、家人或同事中，选出最适合称赞自己的人。例如，整理房间时先生或太太最适合互相称赞、戒烟时家人是最适合的称赞者，找到因你的持续行动而受惠的人最好。

重点二　告知对方要求

1. 请对方定期地称赞自己，告诉对方这样会为自己带来干劲。
2. 自己主动要求对方反馈。（"我已经瘦三公斤了，你觉得我有没有改变？"）

案例一　整理

（例）请先生每天对自己说："老婆，你辛苦了。"

案例二　减肥

（例）每瘦一公斤就问周围的人自己是否有改变。

案例三　戒烟

（例）请太太每天对自己说激励或赞美的话。

3.4 糖果型开关三：游戏

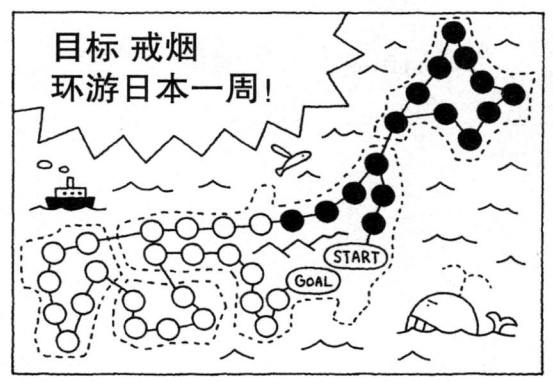

内 容

以游玩和开心的活动，
提升自己的热情

重点一　想一些有趣的创意

　　听音乐、薰香、订做制服、贴标签、游戏等，请想出许多有趣的小创意。

重点二　尝试后留下有用的创意

　　创意不适用是经常的事。把创意依照优先顺序排列并实践，留下好的创意。

案例一　整理

　　（例）听快节奏的曲子提高兴致。

案例二　节约

　　（例）用小贴纸将花销一项项标示出来。

案例三　运动

　　（例）买好看的运动服。

3.5 糖果型开关四：理想模式

内 容

设定理想目标，
让自己更进取

重点一　找到理想的人物、东西

依照实际情况，理想的目标可能是人，也可能是物品。另外，目标对象不是真实存在的人物也没关系，只要内心希望自己成为那样的人就可以了。

重点二　视觉化

视觉信息可以有效地触动人的情感。利用相片或插画把理想的目标视觉化。可以把照片贴在随时可见的地方，也可以随身携带，定时观看，这样效果更好。上网搜图片或买海报都行。

案例一　学英文

（例）学习美国总统奥巴马的演讲。

案例二　节约

（例）贴上三年后想买到手的房子的照片。

案例三　减肥

（例）贴上名模的照片。

3.6 糖果型开关五：仪式

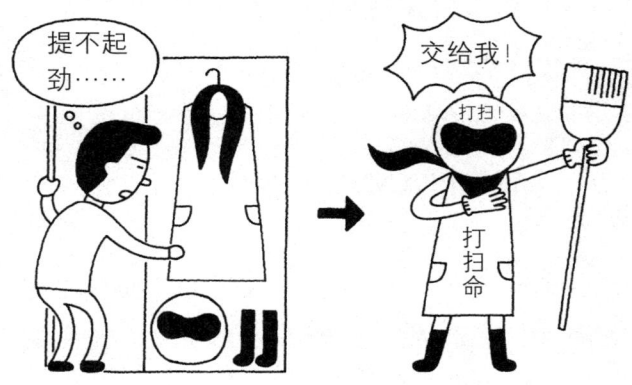

内　容

通过举行小小的仪式，
驱除怠惰的心情

重点一　设定小小的仪式

开始行动后，人自然就会有干劲。请把仪式视为一个小行动，先踏出这一小步。

重点二　思考仪式与习惯的关联性

举行仪式的目的在于调整心态及热身，选择与习惯相关的行动最好。

重点三　设定仪式使其成为习惯

美国职业棒球选手铃木一郎进入"打击区"时所做的姿势就是一种仪式。在运动心理学中称为准备动作。请学习铃木一郎，设定一个固定的仪式以转换自己的心情吧。

案例一　日记

（例）花5分钟冥想，稳定情绪之后再开始写。

案例二　整理

（例）穿上整理专用的衣服再开始动手整理。

案例三　早睡

（例）泡脚、做伸展运动之后再就寝。

3.7 糖果型开关六：去除障碍

内 容

去除障碍,
减轻压力

重点一　列出障碍

请列出妨碍你行动的因素（人、活动等）。

重点二　思考解决对策

例如，假设减肥的阻碍因素是"聚会"，那就有以下三种对策。

1. 不去参加聚会；
2. 减少参加聚会的次数；
3. 就算是聚会也不喝酒。

重点三　提出自己的主张

如果其他人是阻碍因素的话，要清楚拒绝或向对方提出要求。让对方了解状况，请对方尊重自己的选择。

案例一　学习

（例）把电视遥控器藏起来。

案例二　减肥

（例）不参加聚会或不喝酒。

案例三　戒烟

（例）不在抽烟的朋友旁边用餐。

3.8 处罚型开关七：损益计算

内　容

投资时，
塑造失败就会亏损的环境

重点一　下决心投资

如果下决心投资的话，至少我们会因为想回收资本而坚持下去。

重点二　慎选投资对象

选择教材、学校或教练时请务必搜集完整信息寻求他人的建议，以确保投资最有效。万一投资对象错误，反而会往错的方向加速前进。

重点三　分期付款也有效

投资除了付出金钱之外，持续感受到负担也很重要。采用分期付款的方式，看到每个月寄来的账单，会更有干劲。

案例一　阅读

（例）手边经常放十几本书。

案例二　学习英文

（例）购买十万日元的教材。

案例三　跑马拉松

（例）向健身房交一年的年费。

3.9 处罚型开关八：结交朋友

内 容

结交培养相同习惯的朋友，
不容许自己安逸

重点一　慎选伙伴

　　选择一起行动的朋友时，如果找"马上就会放弃"或"不遵守约定"的人，自己也会受到影响，反而造成相反的效果。

重点二　寻找支持者

　　选择身边因你的习惯而受惠的人，并请求得到对方的支持（加油者、监视者），这样就会破除自己贪图安逸的心态。

重点三　通过教室或社团建立朋友群

　　参加运动社团或音乐活动能找到志同道合的朋友，可以在这些地方结交培养相同习惯的朋友。

案例一　阅读

　　（例）参加读书会，分享读书心得。

案例二　整理

　　（例）与太太一起整理。

案例三　运动

　　（例）找朋友组成运动团队。

3.10 处罚型开关九：对大众宣布

内　容

对大众"发表宣言"，
塑造没有退路的状态

重点一　对大众或特定的人"发表宣言"

尽量向大众宣布或者针对关键人物"发表宣言",请依照实际情况自己决定。

重点二　意识到"监视点"

建立"监视"自己的机制以避免偷懒。请在不同场合设置"监视点"并提出宣言吧。例如,如果打算戒烟,家里(太太)与公司(主管、同事)两个地方都需要"监视点"。如果没有设置"监视点",很容易出现偷懒或妥协的情况。

重点三　与其他的"开关"并用

配合"被称赞"、"处罚游戏"、"设定目标"等不同开关,效果更佳。

案例一　写日记

(例)在网络博客对朋友宣告进展并每天更新。

案例二　早起

(例)对主管、同事宣布"每天七点上班"。

案例三　戒烟

(例)对主管、太太宣布"一辈子都不再抽烟"。

3.11 处罚型开关十：处罚游戏

内 容

利用处罚游戏，
击退每天偷懒的借口

重点一　下决心处罚自己

不痛不痒的处罚没有意义，请一定要重重地处罚自己。

重点二　与自己约定或与他人约定

处罚游戏分为与自己约定和与他人约定两种。与他人约定比较有约束力，不过有的场合只适合与自己约定（如持续写日记）。

重点三　留下"契约书"

若是与他人约定，就要制作"处罚契约"书并交给对方保管，这样会更具约束力，也更有效。

案例一　戒烟

（例）抽一支烟零用钱就减半。

案例二　日记

（例）一天没写日记就要做俯卧撑30个。

案例三　早起

（例）七点没到公司，那天就要负责打扫厕所。

3.12 处罚型开关十一：设定目标

内 容

设定目标,
引发达成目标的愿望

重点一　设定大目标

五年后在美国拿到MBA学位，或一年后体重减轻十公斤等，通过设定长期目标以提高行动的热情。

重点二　设定小目标

设定为了达成大目标而必经的小目标，以半年、三个月、一个月、十天为期限，以数字来衡量目标可以检验习惯培养的效果。

重点三　与其他"开关"并用

配合"奖励"、"对大众宣布"、"处罚游戏"、"强制力"等不同"开关"，效果更佳。

方案一　节约

（例）每个月存两万日元，年底去夏威夷玩。

方案二　学习英文

（例）一年后TOEIC考800分。

方案三　阅读

（例）一个月读10本书，一年读完120本书。

3.12 处罚型开关十二：强制力

内　容

通过与他人约定、限定时间等，
逼迫自己进入"不得不做"的状况

重点一　雇用专家

雇用可以支持自己的专家并预约日期。例如与健身房的教练、英文口语老师约时间练习等。

重点二　塑造有限的环境

营造有限的环境，建立不得不做的状况也是一种方法。例如，如果想减少加班，就在晚上八点安排一个约会；如果想整理，就在周日安排家庭聚会；如果想节约，钱包里就只放够一天花的钱。

案例一　学习英语

（例）预定英语私人课程。

案例二　运动

（例）报名参加长跑比赛。

案例三　节约

（例）钱包里只放2000日元。

第四章

任何人都能够坚持：六个成功的故事

4.1 故事一：五分钟整理

任职于某IT企业的业务员A先生，从小就非常不擅于整理。就算现在工作了，家里还是凌乱不堪。每天回家看到自己家里的状况A先生只能摇头叹息。甚至他公司的办公桌上也堆满了杂乱的文件，工作效率一直无法提升。

A先生认为，无论从时间管理层面还是从精神管理层面来看，他都应该每天整理以改善杂乱的环境，因此他开始试着培养整理的习惯。

顺带一提，原本一直都懒得动的A先生之所以想开始动手整理，是因为他家现在已经处于找不到东西、连站的地方也没有、室内充满难闻的味道，让他完全束手无策的状态了。

另外，A先生是那种只要一开始做，就一定要彻底做完的性格，所以，他总会花上一天的时间整理。结果，整理的时间可能需要一天或两天，由整理所带来的劳累反而更加强了他对整理的排斥感。

培养习惯的建议

A先生属于平常懒得动，不到万不得已不开始动手的类型。他是个完美主义者，强烈认为"整理是个大工程"，这样的想法妨碍了他培养整理的习惯。

针对A先生的状况，应对的方法是，先不要执著于结果，先以"婴儿学步"的方法累积成果，破除"整理就是大工程"的印象。如果能够培养勤于整理的习惯，不擅长整理的想法就会逐渐消除。

度过反抗期（第1天～第7天）的方法

A先生设定的"婴儿学步"方法为每天整理五分钟。在这期间不限定整理的时间，在自己方便时进行就好。

而他记录的方法是，在冰箱的计时器旁贴上确认清单，当天如果整理完就填上"○"（完成）。

执行计划的第一天，A先生一回到家就马上花5分钟整理。他先把散落在房间的脏衣服丢到洗衣机里洗，再把桌上堆积的碗盘拿到洗碗槽里。

动手整理之前，A先生很怀疑"五分钟的整理会有什么效果"。不过，一旦动手做之后，他才发现五分钟所整理的比自己原先想象的多。A先生坚信，虽然只有五分钟，但如果每天坚持，家里就能够保持干净整洁。于是第二天他也打起精神，早上花了五分钟整理房间。

在这七天中，虽然整理的时段各有不同，不过因为标准定得很低，所以在因加班而晚回家的第四天、参加聚会的第六天，他也都能够做到动手整理。冰箱前的确认清单顺利地填上了七个"○"。当七天过去之后，以往他觉得很痛苦的整理工作，也开始变得有趣了。

度过不稳定期（第8天～第21天）的方法

度过反抗期的A先生一进入不稳定期就将习惯"模式化"了，他将早晨七点到七点十五分设定成了整理时间。另外，如前面所写的那样，他也事先确定了两个"例外规则"。

同样地,"持续开关"可以从"糖果型开关"中选择四种,分别是"仪式"、"去除障碍"、"奖励"、"游戏"等,请好好利用提高动力的诀窍。

第八天早上 A 先生六点半起床,依照计划从七点开始整理了15分钟。这时,如果一起来打开电视看就会不想动手,所以前一天晚上A先生就先把遥控器藏好。另外,他定好了厨房里的计时器,换上了整理专用的服装,播放自己喜欢听的音乐,一边听音乐一边整理。奖品则是犒赏自己一杯美味的咖啡。

到了第十天,因为前一天晚上 A 先生加班到深夜很累,第二天早上睡到八点才起床,急着赶去上班,所以早上就没有时间整理。根据事先订好的"例外规则",下班回家后A先生又花了15分钟收拾晾干的衣服。

就像这样,虽然在这期间有加班或聚会等意外状况发生,不过幸好他的计划很有弹性,所以能够轻松度过,确认清单上也很顺利地填满了"○"。

度过倦怠期(第22天～第30天)的方法

终于进入了最后一个阶段——倦怠期。在倦怠期的这九天中,A 先生为了突破一成不变的状态,约女朋友周末两天来家中一起整理。甚至，A先生还决定在第30天请朋友来家里开庆祝派对。

另外，前面的整理，只是单纯地集中在收拾方面，所以A先生接下来决定周六这天不整理，而是专门丢弃不需要的东西。这样也培养了他把不需要的东西必须丢弃的习惯。现在，家里的东西几乎已经减少一大半了。

就这样，A先生度过了最后的九天，能够在干净的家中举办家庭派对了。

A先生接下来想挑战的是在安静的房间里冥想15分钟。忙碌的每一天中，没有稳定的情绪来审视自己的时间，他觉得这是个问题。现在，他已准备好冥想用的ＣＤ，期待从明天起开始培养新习惯了。

坚持，一种可以养成的习惯

A先生的习惯清单

内容与目标

习惯内容：每天早上从七点开始，花15分钟整理。
目标：三个月后，在整齐清洁的家与办公室中过舒适的生活。
三年后：提高工作效率，提升工作成果，产生自信。

反抗期的对策

①以婴儿学步开始：
　　每天花5分钟整理。
　　＊虽然没有确定固定时段，不过选择早上整理比较好。
②简单记录
　　在30天的确认清单上填"○"。
　　＊将确认清单贴在冰箱上。

不稳定期的对策

①模式化
　　在早上七点到七点十五分之间执行。
②设定例外规则
　　疲倦或加班时：早上只花5分钟时间整理，或晚上花15分钟整理。
③设定持续开关
　　用计时器、换上专门的服装（仪式）。
　　打开电视之前整理（去除障碍）。
　　结束后喝一杯咖啡（奖励）。
　　播放喜欢听的音乐（游戏）。

倦怠期的对策

①添加变化
　　一周挑一天作为整理日。
　　邀请朋友来家里玩（强制力）。
　　与女朋友一边比赛一边整理（朋友加游戏）。
②计划下一项习惯
　　睡前冥想15分钟（消除压力、追寻自我）。

4.2 故事二：学英语——利用"例外规则"减少行动的变动性

在某零件制造厂会计部门工作的B先生，以考上CPA（美国公认会计师，也称为USCPA）为目标，所以提高英语水平十分重要。不过，B先生的工作很忙，一星期总有两三天晚上十一点以后才到家。而
且，他经常与同事一起参加聚会，就算订好学英语的时间表，也很难坚持。

事实上，B先生半年前就曾经试过每天学习一小时英语。第一周进行得还算顺利，但是到了第二周，工作就开始忙碌了，B先生每天都很晚才回家，完全无法学习。虽然第三周用功了两天，但是学习节奏完全被打乱了，到了第四周，计划只好宣告失败了。

在这么忙碌的状况下，想学好英文真的很困难。

B先生也认为确实很难。不过，取得CPA资格是他早在三年前就设定好的个人工作目标，连主管都开始关心他什么时候才要参加考试。

为了将来升迁，也为了提高在公司的考核成绩，B先生下定决心一定要培养学习英文的习惯。

培养习惯时的建议

检查B先生的生活之后发现，由于他的任何安排都是不确定的，所以可以说不稳定期是最关键的。

工作上有变动，安排的事务也充满不确定性。对于B先生这样的人，要设定"例外规则"才能应对行动的变动性。在培养习惯的过程中，最重要的是累积每天的行动。因此，要灵活运用例外规则，减少不学习的日子。

还有，由于学英文的目的是考CPA，所以B先生决定向专家请教有效率的学习方法，提高学习效率。

度过反抗期（第1天～第7天）的方法

B先生事先通过网络搜集了考CPA的英文学习信息，并买了相应的教材。他的目标是利用这份教材认真地学习。最开始的"婴儿学步"阶段，他为自己设定了一天只读一页的计划。

为了避免太过麻烦的记录方式，他在教科书上贴了一张为期30天的记录表，每天学习完就填上学习时间与读过的页数。

第一天学完一页之后，因为"行动引擎"已经启动，所以他又花15分钟读了三页。虽然15分钟还觉得不够，但是由于已经决定在反抗期时不过于勉强，所以就停止了。这样，B先生第二天内心反而更期盼用功。B先生认为，在感觉稍嫌不足的状态下停止，也是持续的诀窍之一。

第五天，B先生加班到很晚，晚上十一点才到家。因为感觉很疲倦，他很想立刻上床睡觉。不过，不管再怎么累，就算是读一分钟也好，所以他还是打开了教科书。没想到竟然学得很顺利，最终花了15分钟读完四页。

就这样，第七天时B先生已经能够持续用功30分钟。接下来B先生终于进入他曾经失败过的不稳定期了。

度过不稳定期（第8天~第21天）的方法

进入不稳定期的 B 先生停止"婴儿学步"的方法，把学习英文的门槛提高到每天学30分钟。

基本的模式是每天回家后花30分钟（计划晚上十一点到十一点三十分）学习。另外，有时候需要加班或参加聚会，所以必须拟定例外规则。假设晚上十一点之后回家，如果是预先知道的安排，就在当天的午餐时间花十分钟学习；若是突发状况，则回到"婴儿学步"阶段，至少要在回家的电车上或在家里读一页书。

"持续开关"方面他选择了"去除障碍"、"损益计算"、"对大众宣布"等三项。这时，他已经通过网络花十万日元买了教材。

第八天，他马上对主管做出承诺："一年后TOEIC要考八百分""两年后考上CPA"。这么一来，自己已经没有退路，一下子全身也都充满干劲。这一天他十点回到家，顺利地从十一点开始学习了30分钟。

第九天到第十二天 B 先生的工作进入忙碌期。由于事先知道这几天都会晚归，所以 B 先生中午就迅速把中餐吃完，在办公桌前学习了30分钟。

在这段时间当中，B 先生深刻地体会到规则的重要性。以前，他被各种不同的状况影响，行动的不确定性让他落入自我厌恶的消极情绪中。现在只需简单地事先设定规则，就能够毫不勉强地持续行动。第二十一天，B先生顺利地完成了他的学习目标。

度过倦怠期（第22天～第30天）的方法

终于来到最后的倦怠期，B先生对单调的教科书内容逐渐失去了兴趣。因此，他决定每周阅读两次莎士比亚的《麦克白》原文。另外，他也决定一周请英文老师为他进行一次个人指导。

第二十二天，他开始阅读从网络书店订购的《麦克白》原文版，开心地享受了两小时阅读时光。B先生一周中有四天读教科书，有两天阅读《麦克白》原文，通过这样的学习方式，他确实感受到变化的效果。

第二十五天开始B先生安排了英语老师的指导课程。他在课堂上请教老师如何面对学习的烦恼与障碍，也得到了老师的建议。由于课程一周安排一次，所以自然地就能够持续学习了。

就这样，B先生顺利地度过了三十天，现在他也考虑要挑战第二阶段的英文学习——听力。他已经巧妙地运用培养阅读习惯时的诀窍拟定好计划了。

坚持，一种可以养成的习惯

B先生的习惯清单

内容与目标

内容：每天晚上十一点开始，花30分钟进行英文阅读练习。
目标：三个月后，自己可以读英文书。
三年后：取得美国CPA资格，成功升职为组长。

反抗期的对策
①以"婴儿学步"开始
　每天一定要翻开英文教科书，至少读一页内容。
　＊就算只读一分钟也好。
②简单记录
　在教科书上贴一张30天的记录表。

不稳定期的对策
①行为模式化
　回家后花30分钟学习。
　＊晚上十一点到十一点半最为理想。
②设定例外规则
　若晚上十一点以后才回家：中午用餐时至少要学习10分钟（如果事先知道）／最少要读一页的教科书（如果事先不知道）。
③设定持续开关
　不开电视（去除障碍）。
　在教材上投资十万日元（损益计算）。
　对主管提出宣言"一年后TOEIC要考八百分"（对大众宣布）。

倦怠期的对策
①添加变化
　每周两天阅读莎士比亚原文（奖励）。
　安排英文老师的私人指导课程（强制力）。
②计划下一项习惯
　培养听英文的习惯（每天30分钟）。

4.3 故事三：节约——"习惯化原则"将引领你走向成功

在食品公司担任行政职务的C小姐，为了存"结婚基金"而下定决心节省生活开销。

C小姐每个月的薪水几乎都花在买衣服或聚餐上面，没有结余。她想设法减少花费并把钱存下来，所以希望培养把每天的生活费控制在2000日元以下的习惯。

事实上，C小姐以前也曾经挑战过"节约用钱"，那时她拟定的计划为：

- 一天的花费低于2000日元

- 电费控制在3500日元以下
- 尽量减少参加聚餐的次数
- 买衣服的钱一个月不超过一万日元
- 每个月存两万日元
- 填写家庭收支簿

C小姐是凭着干劲一口气做事的类型。不过,另一方面也看得出她有行动容易失控的倾向。这样的挑战熬不过五天就会宣告失败。究竟这项计划的问题出在哪里呢?

培养习惯时的建议

看过上述计划的内容就知道,这是在开始就会失败的典型案例。同时进行"节约"与"记录家庭收支"两种行为违反了"习惯化原则一",而她节约的行动规则过于复杂违反了"习惯化原则二"。

因此,这回C小姐放弃了记录家庭收支的习惯,只把节约行动锁定在"一天的花费低于2000日元"上。

当然,把行动集中在节约每天的生活费上,会影响到其他方面的花费,不过这也是这项行动的目标(若想看清楚浪费的真正原因，就应该记录家庭收支情况）。

度过反抗期（第1天～第7天）的方法

C小姐在"婴儿学步"阶段把点心费定为一周500日元，并且决定在中餐后尽量不去超市商店。

以往C小姐每天都会花500日元买糖果、巧克力或果汁等，光是零食每星期就用掉3500日元。如果把这笔钱控制在每周500日元以下的话，一个月就可以节约3000日元，同时也能控制饮食减肥。

另外，C小姐随身携带记事本，填写日常消费金额。执行30多天后，为了更简化行动，她想出了只记录早、晚钱差额的简便方法。这样不用花费很多功夫，也能够轻松地每天记录。

第一天、第二天、第三天吃完午餐后，C小姐总有买零食的冲动，不过，她还是设法忍耐下来了。

第四天为了奖励自己，所以她花500日元买零食犒赏自己，剩下的三天则成功地拒绝了零食的诱惑。

度过不稳定期（第8天～第21天）的方法

进入不稳定期之后，终于要开始过一天2000日元的生活了。

在行为模式化方面，C小姐预先决定好早、中、晚三餐的消费金额。不过，有时候用餐也是与人交际的机会，所以她决定只以2000日元来做适当的分配就好（例如餐费1300日元、零食300日元、饮料400日元等）。如果遇到不得已超支的时候，C小姐则套用例外规则，即"在一周的预算范围内调整"。至于奖励方面，则定好每周吃一次2000日元的午餐。

最后，为了要求自己，C小姐每天早上出门前只放2000日元在钱包里。通过这样的方式就可以掌握一天的花费，在记录时也变得比较轻松。最重要的是，这样可以预防过度消费。

不稳定期的第一天，也就是计划执行的第八天，C小姐花了1800日元，这是一个良好的开端。

第十五天，她被主管邀去鳗鱼屋吃午餐，晚上又跟同事一起吃饭，所以这天花了2500日元，第一次超出预算。不过，第二天她就买商店的便当，晚上在家里自己做饭，把这天的花费控制在1200日元，刚好与前一天超支的钱相

第四章　任何人都能够坚持：六个成功的故事

抵。灵活的计划让C小姐终于顺利地度过不稳定期。

度过倦怠期（第22天～第30天）的方法

为了度过倦怠期，C小姐所选择的持续开关为"处罚游戏""游玩"等。

达到节约目标的那天，C小姐就投一枚500日元的硬币在存钱罐里，这样就能看到每天节约的实际成果。另外，如果一周花费超过4000日元，第二周就禁止吃零食作为惩罚。最后，C小姐将30天的生活费成功地控制在55000日元。

C小姐下一个想挑战的习惯是减肥。

与五年前相比，C小姐胖了7公斤，所以她也考虑要参考这次培养习惯的各个阶段，开始减肥。减肥属于身体习惯，必须经过三个月时间、四个阶段的过程才能培养成功。详细情形请参考下一个单元：D先生的案例。

坚持，一种可以养成的习惯

C小姐的习惯清单

内容与目标

内容：以一天2000日元的花费过日子。
目标：三个月后，能够存下20%的薪水。
三年后：在夏威夷举办婚礼。

反抗期的对策
①以"婴儿学步"开始
　一周的零食花销控制在500日元以下。
②简单记录
　使用记事本记录花销。
　＊记录早上出门前钱包里的钱减去回家时钱包里的余额。

不稳定期的对策
①模式化
　餐费1300日元、零食300日元、饮料400日元为标准。
②设定例外规则
　聚餐：列为其他预算项目。
　花费超支：在一星期的预算范围中调整。
③设定持续开关
　钱包里只放2000日元（强制力）。
　放纵日：一周吃一顿2000日元的午餐（奖励）。
　计算一年后、三个月后、一个月后的节约效果（设定目标）。

倦怠期的对策
①添加变化
　成功做到的那天存500日元在存钱罐里（游戏）。
　如果当周花费超出预算，第二周就不能吃零食（处罚游戏）。
②计划下一项习惯
　挑战减肥的习惯。

4.4 故事四：减肥——三个月后苗条不反弹

在某IT企业担任系统工程师的D先生，进入公司才5年体重就增加了10公斤。

肥胖的原因是不规律的饮食习惯以及工作压力大所导致的暴饮暴食。虽然知道减肥的重要性，但是D先生每天工作都很忙，所以总是把这件事往后拖，他想："我总有一天一定要减肥。"

结果D先生在例行健康检查时发现，他再也不能轻视肥胖这件事了。健康检查的结果使他发现自己血糖、肝功能等项目都出现异常。医生警告他："再这样下去，你得糖尿病的几率就会很高。"

D先生一下子就有了危机感,下定决心要把减肥化为习惯。

事实上,D先生在三年前也曾经减过肥,创下了一个半月就瘦8公斤的好成绩。

D先生是那种只要有干劲,就一定会坚持到底的人。所以那时他每天花一个小时跑步,午餐以蔬菜为主,晚上尽量不参加聚会,晚餐也以素食为主。

减肥的结果马上就看得见,当时他每天都很期待称重的时刻。不过,一个半月之后,D先生工作开始忙碌起来,每天的跑步运动就慢慢荒废掉了。由于工作上的压力,也导致他的食量不断增加。仅仅三个月的时间他就又长胖了12公斤,比减肥前的体重还重。这样的结果可真是悲惨呀。

培养习惯时的建议

反弹可以说是习惯引力为了把饮食习惯与体重调回原来状况的结果。由于D先生在习惯新的饮食之前减肥速度过快,才导致后来产生激烈的反弹。其实,只要把饮食控制化为习惯,就不会产生激烈的反弹现象。

D先生之所以会减肥失败有三大原因。由于过度在意

第四章　任何人都能够坚持：六个成功的故事

体重，所以他勉强进行减肥行动（违反了原则一），同时限制饮食与进行运动（违反了原则二），没有预先设想到工作状况的因素。

减肥就是使体重减轻。不过，严格说来，当两种习惯遵循以下关系时，体重自然就会降下来。

消耗的热量大于摄取的热量

如果从习惯化原则来说，一次只能培养一种习惯。所以，这次 D 先生只锁定在培养摄取热量的习惯（饮食生活）上。如果同时开始培养运动与饮食控制的习惯的话，失败率将会提高，所以建议一次只培养一种习惯。

减肥的习惯属于身体习惯（需要三个月），所以必须针对四个阶段（行为习惯的三阶段及倦怠期）拟定计划。重点在于遵守习惯化的三项原则，阶段性地完成四个阶段。另外，由于计划的目的是改变摄取热量的习惯，所以最重要的是每天记录摄取的热量以掌握进度。

许多人都像 D 先生那样，非得听到警铃响起（医师的警告）才会正视问题。在事情变严重之前，最重要的是平常就应该培养健康的饮食习惯与运动习惯。

度过反抗期(第1周~第3周)的方法

培养身体习惯时反抗期长达三周。

这时D先生将目标设定为一天摄取1200卡路里热量。这是医生根据D先生的生活状况所建议的。

D先生在"婴儿学步"阶段将晚餐的热量控制在500卡路里以下。早上与中午则没有特别设限。

另外,他尽量挑选有卡路里标示的食品。如果没有标示的话,他就会参考热量表,大略地计算并记录下来。

第一天D先生在超市买意大利面吃。过去几乎不曾在意热量的D先生,现在才知道以前所吃食物的热量竟然这么高。一计算,才发现自己竟然已经摄取了3200卡路里。在记录的过程中,D先生通过"数据"充分了解到造成肥胖的原因。

在反抗期中的15天,他都将晚餐的热量控制在500卡路里之内,其中有6天因为聚餐或吃宵夜而摄取过量。

不过,这段时间的收获是早餐与午餐摄取的热量减少了。多亏了记录的方法,D先生渐渐变得能够控制饮食了。

度过不稳定期（第4周～第7周）的方法

在不稳定期中，D先生会限制一天所摄取食物的总热量。不过，如果将热量一下子降到2000卡路里，对身体的负担也很大。因此，他将第4周、第5周每天的热量控制在2600卡路里，第6周、第7周降为每天2300卡路里，利用这样的方式阶段性地提高门槛。

D先生将吃饭时间设定为早上七点、中午十二点与晚上七点，以此建立固定的节奏感。另外，聚餐与假日则适用于"例外规则"。

接下来，他设定了"半年体重减少10公斤"的目标，不勉强自己去控制饮食。他在墙壁上贴了高人气的艺人照片。

第4、第5周达到摄取热量2600卡路里目标的天数有七成，平均每天大约摄取2800~3000卡路里。如果哪天超过摄取量，就要罚自己跑步30分钟。D先生也确实感受到他的身体已经逐渐习惯控制饮食了。

第6、第7周他把每天摄取的总热量降到了2300卡路里。这两周当中只有三天没达成目标，其余的日子都顺利过关。

度过稳定期（第8周～第10周）的方法

在稳定期时，身体已经适应了习惯，似乎能够比较舒服地生活了。D先生完全达到了一天摄取2000卡路里热量的目标，执行计划的动力也增加了。

到第8周时，D先生的体重减了4公斤。当他统计前面记录的内容并画出图表之后，发现一天摄取的总热量确实下降了。身边的人也纷纷问他："最近是不是瘦了？"

当结果显现出来时，D先生更有干劲了，在稳定期的3周内，没有达到目标的日子只有3天。

度过倦怠期（第11周～第13周）的方法

终于要进入最后三周的倦怠期了。

D先生为了在这段时间使生活有些变化，制作了一份个人食谱（低热量、美味、份量适中的菜单），并且在家中开火做饭。假日在家里自己做饭，不仅可以一边享受美食一边消除压力，也能够起到减肥的效果，真是一举两得啊。

另外，为了保持动力，D先生花钱买了一套从前就一直想买的高级西装。这套西装是体重必须减少10公斤、腰围必须减少15公分才穿得下的尺寸。买这套西装同样是为了激励自我成长，所以D先生把这套西装挂在房间里显眼的地方。

就这样，D先生一边享受变化的乐趣，一边轻松地度过了倦怠期。

3个月内，D先生的体重成功地减了6公斤。其实，最大的成果是他培养了不会让体重反弹的饮食习惯。而且，这样的生活一点也不让他感到痛苦。

如果今后他也能够持续保持每天摄取2000卡路里的饮食习惯，那么，接下来的3个月，他应该就能够达到减肥10公斤的目标吧。

下一个阶段，D先生打算维持控制热量的习惯，同时挑战运动消耗热量，现在他正在计划培养跑步的习惯。

坚持，一种可以养成的习惯

D先生的习惯清单

内容与目标

习惯内容：培养一天摄取2000卡路里的饮食习惯。
目标：六个月后，体重减轻10公斤，健康检查的所有异常数值都回归正常。
三年后：保持62公斤的理想体重，通过运动达到身体脂肪含量为16%的健康状态。

反抗期的对策
①以"婴儿学步"开始
　　每天晚餐的热量控制在500卡路里以下。
　　＊早餐、中餐不限制。
②简单记录
　　记录早餐、午餐、晚餐摄取的热量。
　　＊购买食物热量表，记录大概的目标。
　　每天记录体重。
　　＊体重计前方贴上记录用的纸张。

不稳定期的对策
①逐渐提高门槛
　　第4、第5周：2600卡路里热量。
　　第6、第7周：每天摄取2300卡路里热量。
②模式化
　　早上七点、中午十二点、晚上七点用餐。
③设定例外规则
　　聚餐：解禁。
　　假日：可多摄取200卡路里。
④设定持续开关
　　6个月体重减少10公斤（设定目标）。
　　贴上具有高人气的艺人相片（理想目标）。
　　没达到目标那天就要跑步30分钟（处罚游戏）。
　　聚餐只喝乌龙茶（去除障碍）。

稳定期的对策
①遵守自己设定的门槛
　　继续维持每天摄取2000卡路里热量。
②享受小成长
　　把体重的变化做成图表。
　　问旁人自己外表的变化（被称赞）。

倦怠期的对策
①添加变化
　　制作食谱并自己下厨做饭（游戏）。
　　购买减肥后才穿得下的西装（损益计算）。
②计划下一项习惯
　　培养跑步的习惯。

4.5 故事五:早起——把成长"视觉化"

在某大工厂上班的 E 先生去年刚结婚,才开始过新婚生活。不过,与新婚妻子关系的恶化却让他觉得很烦恼。

原因在于 E 先生工作忙碌,夫妻两人没有好好相处的机会。E 先生在三个月前刚升为部门主管,几乎每天都加班到深夜,连周末、假日也都去公司加班,夫妻俩没有聊天谈心的时间,也无法一起出游散心。

虽然 E 先生在结婚前向太太保证"要以家庭为重",但是后来才发现自己把整个人都"卖给"公司了。

因此,E 先生决定尽量减少加班,想把工作时间移到头脑清醒、没有任何人打扰的清晨从而提高工作效率。

事实上，E先生在三年前就曾经受到一本书的影响，挑战过"清晨五点起床"。不过，真正付诸行动时，他第一、第二天能很勉强地把自己从床上叫起来，第三天开始又恢复了七点半起床，正常时间出门了。

从那时起，他就深信自己"没办法早起"，也放弃了要求自己早起。所以还是一直过着"夜猫子"的生活。

培养习惯时的建议

培养早起的习惯有一个关键问题，即早起的同时一定要早睡。如果不这么做的话，睡眠时间太短，早起的计划还是会失败。

"早起的秘诀就是早睡"，这是非遵守不可的准则。所以不仅不能减少睡眠时间，刚开始时为了减轻身体的负担，反而还要增加睡眠的时间呢。

E先生过去失败的原因是把"七点半起床"一下子调整到"五点起床"。甚至他也没有试图早睡，只是单纯地减少了两个半小时的睡眠。这样的做法会造成精神上负担过大，睡眠不足，使工作时的注意力下降从而导致计划失败。

为了不重蹈覆辙，这次他很重视从"婴儿学步"开始,然后再逐步提高门槛。

另外,这次的最终目标是塑造家庭和乐的气氛,从这个意义来说,如果拟定计划时,也一并考虑太太的因素,效果会更好。

度过反抗期(第1周～第3周)的方法

在"婴儿学步"阶段,E先生设定了早上七点起床,比平常早30分钟。为了早30分钟起床,前一天晚上他必须在十二点之前就寝。

第一天,E先生九点就忙完工作了,但是因为习惯,他躺到一点还没睡着,第二天早上他揉着眼睛,勉强地在七点钟起床。第二天也一样晚上一点才上床睡觉,第二天七点起床。

第三天因为连续两天睡眠不足,E先生在工作时累得差点睡着了。因此,为了早点睡觉,他下班回家后就尽量不看电视,洗澡时间延长20分钟并且做了伸展运动,晚上十一点就上床睡觉了。

第四天,也是第一个周六,照理说可以睡晚一点,不过"婴儿学步"阶段强调每天坚持,所以E先生与太太一样早上七点就起床了。

E先生开始感受到早起的效果。早上多了与太太谈心的时间，精神也变好了，因为时间早交通不太拥挤，压力减轻了不少。

进入第二周后，他的身体逐渐习惯了这样的节奏，到了第三周，E先生几乎可以轻松地七点起床，八点半就在公司工作了。

度过不稳定期（第4周～第7周）的方法

进入不稳定期之后，E先生逐渐把上班时间提前了。他将目标设定为第4、第5周八点到公司（六点半起床），第6、第7周七点半到公司（六点起床）。

虽然第4、第5周也是反抗期，不过每周也有两三天能在八点钟到公司，所以感觉负担没那么大。但是，到了第6、第7周，六点起床就有点痛苦，第6周有三天没有达到目标。

因此，E先生在进入第7周之前就向部下宣布："我七点半就要到公司上班。"当着部下的面发出豪言壮语，一下子就有了激情，于是第7周每天都能在七点半准时打卡。

就这样，从反抗期到不稳定期E先生总共花了七周时间，逐渐提高门槛的方法让计划变得不那么让人痛苦了。

第四章 任何人都能够坚持：六个成功的故事

度过稳定期（第8周～第10周）的方法

在稳定期当中，E先生确实遵守不稳定期所建立的七点半上班的原则，也享受着习惯所带来的成长与快乐。

E先生记录加班的次数，并参考了从反抗期就开始持续记录的上班时间与下班时间，将两者相减的工作时间作为图表。

虽然每天的变化很小，效果不明显。不过如果比较第一周与第10周的话，加班时间竟然每星期减少了八小时。如果简单计算，一个月的加班时间就减少了32个小时。当然，这一个月多出来的32小时就可以用在陪伴家人、培养兴趣或自我成长上了。

这种成长的感觉会使动力得以提升，所以请务必把图表视觉化。为了做到这点，从反抗期开始持续记录就显得相当重要了。

度过倦怠期（第11周～第13周）的方法

终于进入最后3周的倦怠期了。

度过稳定期之后，一成不变的感觉会逐渐产生。有时候E先生脑中会浮现出"今天再多睡一会儿"的想法，产生了想偷懒的心态。

因此 E 先生动员他的职员发起"早上七点半上班，下午六点下班"的减少加班计划。早上七点半的办公室里，只有 E 先生领导的职员开始工作。3 周内，全组的工作效率提升了 10%，加班时间减少了 25%。

另外，E 先生为了增进夫妻之间的沟通，开始每周带太太去高级饭店吃一次自助早餐。这样做不仅能让家庭关系更和谐，也刺激他持续早起。

E 先生接下来想培养的是倾听的习惯。

为了家庭圆满和谐，E 先生已经开始拟定倾听的习惯计划了。

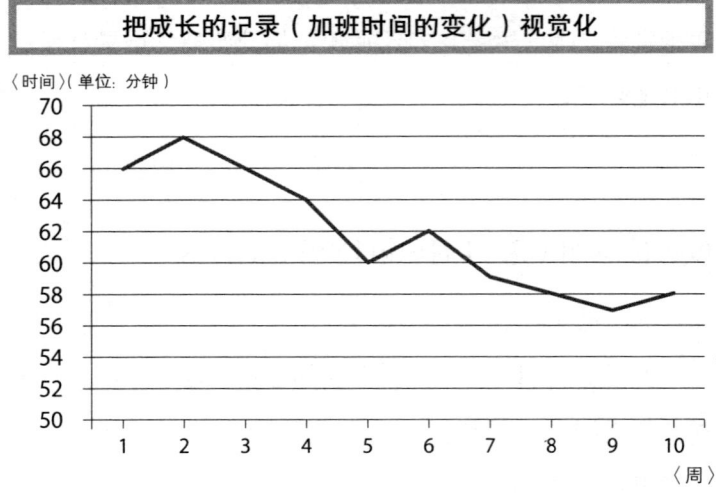

第四章 任何人都能够坚持：六个成功的故事

E先生的习惯清单

内容与目标

习惯内容：每天早上七点半上班。
目标：六个月后，工作效率提高30%，每天晚上七点下班，在家吃晚饭，让家庭气氛和谐美好。
三年后：早上五点起床、跑步，然后与太太、小孩悠闲地享用早餐。

反抗期的对策
①以"婴儿学步"开始
　每天七点起床。
　＊晚上12点睡觉。
②简单记录
　每天在家里的日历上填上"○"和"X"。
　填写上班时间和下班时间。

不稳定期的对策
①逐渐提高门槛
　第4、第5周：八点上班（六点半起床）。
　第6、第7周：七点半上班（六点起床）。
②模式化
　早上六点起床、晚上十一点半睡觉（晚上八点前下班）。
③设定例外规则
　深夜回家、聚餐时：跟往常一样九点上班。
④设定持续开关
　对部下宣布上班时间（对大众宣布）。
　每周进行一次早晨会议（强制力）。
　请太太配合睡觉、起床的时间（结交朋友）。
　如果没做到就付给太太1000日元（处罚游戏）。

稳定期的对策
①遵守自己设定的门槛
　每天早上一定要七点半上班（六点起床）。
②享受小成长
　确实感受到工作效率的提升。
　把工作时间的变化视觉化。

倦怠期的对策
①添加变化
　让部下也在七点半上班（习惯的朋友）。
　每周与妻子吃一次自助早餐（奖励）。
②计划下一项习惯
　培养倾听的习惯。

4.6 故事六：戒烟——利用"去除障碍"的方式赶走香烟的诱惑

F先生的"烟龄"已经有15年，香烟对他而言比一日三餐还重要，他认为香烟对消除压力有很大的作用。

不过，2010年10月日本政府提高了香烟税，一包300~400日元的香烟涨了100日元，抽烟让经济负担变得更重了。另外，七个月后家里将会有宝宝出生，考虑到抽烟会影响家人的健康，他决定在这个时候戒烟。

F先生以前曾经戒过三次烟，但都宣告失败了。

第一次才戒了三天就没办法忍耐，第二次虽然撑了一星期，但是由于参加部门聚会太开心，受不了香烟的诱惑又再次失败。

第三次勉强持续了三周，但是因为工作进入忙碌期，压力不断增加，结果又要借助香烟减轻压力。

由于有过去三次失败经验，F先生对于这次的戒烟计划毫无成功的把握。

培养习惯时的建议

F先生过去戒烟失败的原因有两点。

第一，想让每天抽40根香烟的重度吸烟者一下子完全戒掉，难度过高。吸烟一般是为了消除压力或饭后放松，一下子戒掉心理负担过大。

第二，没有预先设想戒烟导致失败的因素。朋友及工作压力等都是导致戒烟失败的原因。拟定习惯化计划时，针对以上这些因素都应该事先想好因应对策才对。

这次的戒烟先从"减少烟量"开始，在反抗期、不稳定期逐渐减少抽烟的数量。另外，针对心理压力，则设定对于饮食不设限的对策。

一般人只要开始戒烟，体重就会增加。如果很在意体重增加而在戒烟时进行减肥的话，失败率会一下子提高许多。为了消除压力，吃自己喜欢的食物作为奖励是可以容许的，我也建议这么做。

当然，如果还有其他的减压方法也可以采用，重要的是把消除压力的方法从香烟转移到其他东西上。

另外，戒烟带来的好处要在六个月、三年后才会明显。而如果同时罗列出持续吸烟的坏处，应该更能鼓励戒烟者持续戒烟吧。这就是为什么要放弃吸烟的理由越"充分"，行动就越能持续。

度过反抗期（第1周～第3周）的方法

由于F先生的烟瘾很大，所以从"婴儿学步"计划开始是成功的关键。他决定从每天抽40根烟减到每天抽30根烟。这样就减掉了本来不想抽，却因为烟瘾作祟而抽的烟量，这应该不难办到。

另外，每天他都会清点出门时与回家时的香烟数量，把两者的数量差填写在记事本上。

第一天，可能是戒烟热情高涨的缘故，F先生规定自己只能抽25根香烟。他想，如果顺利的话，戒烟就没问题。第二天，他非常忙碌，趁着空闲去吸烟室的次数也增加了，下午五点时已经抽了28根烟，剩下的2根烟只能留着饭后抽。

第一周每天的烟量分配得不是很规律。不过，到了第二周，他就能够逐渐平均分配抽烟的数量，顺利地坚持一天30根烟的标准了。

度过不稳定期（第4周～第7周）的方法

第4周到第7周进入了不稳定期，所以要逐渐提高行动的门槛。

首先F先生去医院照肺部X光。看到自己的肺叶被烟熏得乌黑，他一下子就开始担心自己的健康状况了。于是F先生把这张照片缩小影印，放在自己的记事本上。另外，在家庭的支持力量方面，F先生请太太每天为他加油，鼓励他戒烟，以维持戒烟的热情。

第4周、第5周，F先生把行动难度提高到一天只抽15根烟。由于这样的烟量是以往的一半，所以F先生决定在家中不抽烟，抽烟时间改为早上九点到下午六点，严守这条规则以度过最困难的戒烟过程。

另外，F先生也制定了弹性规则，如果抽烟量超过了15根烟的话，第二天就要减少吸烟量以作为调整。

在第4周，为了遵守不在家里抽烟的规则，F先生感到非常痛苦。不过，这当然比一整天完全不抽烟要好。如果实在想抽烟，他就含电子香烟。电子香烟对在家戒烟的人很有帮助。

第4周F先生有聚餐，聚餐那天他抽了20根烟，所以第二天必须只抽10根烟。利用这项"例外规则"，F先生顺利度过了意外状况。

第5周，F先生已经习惯了抽烟时间以及不在家抽烟的节奏，所以可以顺利达到只抽15根香烟的目标。

第6周、第7周设定了更高难度的目标，每天最多抽5根香烟。总之就是尽可能不抽烟，如果非抽不可，5根香烟是上限。

第6周，F先生每天都吸5根烟。不过，到了第7周，有三天一整天都没抽烟。这时，"助跑阶段"终于结束。第7周即将结束时，F先生在办公室发表"戒烟宣言"，这样就完全不会被外在环境影响了。

度过稳定期（第8周～第10周）的方法

稳定期与反抗期截然不同，F先生已经完全进入了戒烟的状态。他利用啤酒与巧克力代替香烟作为消除压力的工具，这时他的体重增加了3公斤。不过，他计划戒烟成功后再减肥，所以现在不在意体重的问题。

第四章 任何人都能够坚持：六个成功的故事

从反抗期开始至第8周，终于出现了好的征兆。原本抽烟时喉咙会出痰、咳嗽等症状，现在都消失了，身体也感觉轻盈起来了。F先生渐渐感觉到自己的身体越来越健康了。

另外，因为没有了专门抽烟的时间，F先生的工作效率也提高了。如果去吸烟室吸烟的话，至少要花10到30分钟跟同事闲聊，现在这些时间都省下来了。看到这些小成长，他戒烟的积极性就高了。

到了第8周、第9周，虽然聚会或饭后F先生还是会想抽烟，不过到了第10周，他已经能够用咖啡代替香烟了。

度过倦怠期（第11周～第13周）的方法

终于要进入最后三周的倦怠期了。

在这段时间，为了防止自己产生偷懒的心态，也为了让自己真正成长并开心地持续戒烟，所以F先生决定加上一些变化。

首先，他与太太沟通，把买香烟省下来的25000日元拿去买钓鱼用具，作为这十周努力的奖励。这是他半年前就已经看好，一直很想买的东西。

另外，他把每天省下的800日元香烟费存在储蓄罐里。

看到原本可能化为"烟雾"的钱变成"实体"存了下来，更激发了F先生戒烟的热情。

最后，F先生邀请同部门的影山与尾崎先生共同加入戒烟的行列，结交同样戒烟的朋友，以便贯彻自己戒烟的目标。

就这样，F先生终于度过最后三周。虽然有时候还是会想抽烟，不过，F先生已经不想再回到以前的抽烟生活了，他有信心维持目前的状态。

接下来，F先生想挑战减肥的习惯。在这三个月中，他的体重增加了5公斤，超过了标准体重9公斤。所以他开始拟定计划，设法解决肥胖带来的问题。

第四章　任何人都能够坚持：六个成功的故事

F先生的习惯清单

内容与目标

习惯内容：完全戒烟。
目标：六个月后：身体变得轻盈，健康检查的结果没有让人担忧的指标。
省去抽烟的时间，工作效率提高，减少加班。
三年后：戒烟省下88万日元，一家三口一起去夏威夷旅行。

反抗期的对策
①以"婴儿学步"开始
　从一天抽40根烟减少为一天抽30根烟。
②简单记录
　每天在记事本上记录早、晚抽烟的数量。

不稳定期的对策
①逐渐提高门槛
　第4、第5周：从每天抽30根烟减少为每天抽15根烟。
　第6、第7周：从每天抽15根烟减少为每天最多抽5根烟。

②模式化
　抽烟时间：上午九点到下午六点，不在家里抽烟。
③设定例外规则
　如果抽多了的话：第二天的烟量减少。
④设定持续开关
　可以吃自己爱吃的东西（奖励）。
　对同事／家人发表戒烟宣言（对大众宣布）。
　请太太称赞自己（被称赞）。
　尽量避免聚会、张贴自己肺部的相片（去除障碍）。

稳定期的对策
①遵守自己制定的门槛
　完全断绝香烟。
　毫无例外，一根也不行。
②享受小成长
　感受身体发生的变化。

倦怠期的对策
①添加变化
　用省下来的香烟钱买喜欢的鱼竿（奖励）。
　把每天省下的800日元存入储蓄罐（游戏）。
　找同事一起戒烟（结交朋友）。
②计划下一项习惯
　减肥。

结语
现在就播下习惯的种子！

"人是被习惯所塑造的，优异的结果来自于良好的习惯，而非一时的行动。"

这是本书开头所提到的亚里士多德所说的话，也是本书所要传达的宗旨。我们都是习惯的生物，拥有良好的习惯就会拥有顺遂的人生。我认为，只有培养了良好习惯，才能提高工作效率、丰富人生。看起来似乎绕了远路，其实这才是最对的捷径。

我们每个人，都能从习惯中获利并看到奇迹。不过，在现实中，持续真的很不容易。我们会对无法持续的事说出"我本来就很容易厌烦""因为我的意志很薄弱"等借口。其实，我认为问题不在不能持续的性格或意志力，而在于没有掌握坚持下去的诀窍与原则。

访问善于培养习惯的人越多,我的想法就越明确,最终得以完成本书。

持续做某件事时,靠的不是意志力或耐力,如果能够启动"习惯"的自动运作程序的话,行动就会更自然,也几乎毫无痛苦。

我们没有任何理由不使用这个"习惯"功能。正因如此,我的使命就是系统地归纳习惯的过程与技巧。

阅读到本书最后的各位读者一定非常清楚,本书的目的并非培养早起或考资格证等个别的习惯。培养自动习惯的能力,才是本书的目的。

拥有平衡的生活模式,人生才会全面并开阔

每个人的人生中都有工作、健康、人际关系、生活环境等因素,如果均衡地优化以上各项因素,人生就会发生不可思议的转变。其实,这些因素之间是有关联的。

经常有人说,女性如果恋爱顺利,工作也会跟着顺利,工作与恋爱是生活保持平衡的重要因素,两者确实互有关联。

如果想在工作上成功的话,锻炼强健的体魄也会带来

加倍的功效，若是希望恋爱顺利并且开花结果，改善生活环境与工作状态，将会为恋爱带来养分。

下次有机会再向各位详细说明这些关系。不过，请把生活中的各个领域想象成农场，希望各位读者以农夫的眼光，大量播撒良好习惯的种子。

亲身实践，培养自我风格的"习惯化"

本书是一本关于实践的书。

本书的目的是培养"自动习惯"的能力，不是读完就结束。所以，请先培养三项习惯。如果是行为习惯的话，三项习惯就要花三个月，若培养三个身体习惯，就需要九个月。实践之后，你会发现你的自动习惯"功力"会越来越强。

读到这里，本书已接近尾声。了解自己的读者，应该好好发挥，培养适合自己的自动习惯能力。当然，你也可以参考本书介绍的过程与诀窍，开始起步。

第四章　任何人都能够坚持：六个成功的故事

■ **检视表（行为习惯）**

习惯：_____

目标：三个月后 _____

	反抗期
时间	第1天~第7天
征状	很想放弃
方针	总之一定撑下去
对策	①以"婴儿学步"开始 ②简单记录

三年后

不稳定期	倦怠期
第2天~第21天	第22天~第30天
被影响	感到厌烦
建立行动机制	加上变化
1. 模式化 2. 设定例外规则 　① 　② 　③ 3. 设定持续开关 　① 　② 　③ 　④ 　⑤	1. 添加变化 　① 　② 　③ 2. 计划下一项习惯

第四章　任何人都能够坚持：六个成功的故事

■ **检视表（身体习惯）**

习惯： _____

目标：六个月后 _____

	反抗期	不稳定期
时间	（第1周~第3周）	（第4周~第7周）
征状	很想放弃	被影响
方针	总之就是撑下去	建立行动机制
对策	1. 以"婴儿学步"开始 2. 简单记录	1. 逐渐提高难度 2. 模式化 3. 设定例外规则 　① 　② 　③ 4. 设定持续开关 　① 　② 　③ 　④ 　⑤

171

三年后

稳定期	倦怠期
（第8周~第10周）	（第11周~第13周）
感到舒适	感到厌烦
提高标准	加上变化

1. 遵守自己设定的门槛
2. 享受小成长
   ①
   ②
   ③
3. 设定持续开关
   ①
   ②
   ③
   ④
   ⑤
	1. 加上变化
	   ①
	   ②
	   ③
	2. 计划下一项习惯

出版后记

你知道要改变自己的人生，必须将好习惯坚持下去，因此，你打算每天阅读一个小时、每天锻炼四十分钟、每天写一篇日记……然而，大多数时候，你总是半途而废。你是否真正知道自己总是半途而废的原因？生活的惯性过于强大？太多不可预估的阻力和困难？自己缺乏意志力？

《坚持，一种可以养成的习惯》不是一本教读者如何减肥、如何早起、如何每天阅读、如何坚持锻炼的书，作者无意于强调培养好习惯对我们工作、生活的重要性，也不具体针对某项需要坚持的事情展开论述。这本书聚焦于更加普遍、更加核心的问题：为什么你总是半途而废——培养习惯是否有科学的方法。

从研究人们的行为科学和大脑对行动信号的适应性入手，作者为我们科学地总结出培养习惯的过程和相应的行动策略。作者认为，培养习惯的过程分为三个阶段。第一阶段为反抗期。在反抗期中，新习惯难维持，几乎随时都有放弃的念头。因此，作者给出了"婴儿学步"和"简单记录"两项策略，在这一阶段，"完成目标"并不是最重要的，适应新的生活节奏才是行动的关键。第二阶段为不稳定期。在这一阶段，最重要的是找到适合自己的行为模式，为此，作者为读者精心设计了十二个"行为开关"，并建议培养习惯者自己建立相应的"例外规则"，这样既能兼顾到不稳定期中影响行动的各种"不稳定因素"，又能确保行动持续进行。第三阶段为倦怠期。为了对抗重复行为所带来的倦怠感，作者建议读者为自己的计划注入新的因素，让变化带来活力。事实上，无论你想培养什么"习惯"，只要掌握了培养习惯过程中的这三个阶段中人们的心理特点，再按照科学合理的方法规划自己的行动，不需要非凡的意志力和超人的耐心，一个月后，你就能将新的行为习惯融入到日常生活中。

想养成好的生活习惯和行为习惯，你需要坚持行动。而在行动之前，你需要知道，所谓的"坚持"本身，就是一种可以科学养成的习惯。

服务热线：133-6631-2326　188-1142-1266
读者信息：reader@hinabook.com

后浪出版公司
2016年3月

图书在版编目（CIP）数据

坚持，一种可以养成的习惯/（日）古川武士著；陈美瑛译.
-- 北京：北京联合出版公司，2016.4（2022.6重印）
ISBN 978-7-5502-7227-9

Ⅰ.①坚… Ⅱ.①古… ②陈… Ⅲ.①习惯性－通俗读物 Ⅳ.①B842.6-49

中国版本图书馆CIP数据核字（2016）第038828号

30nichide Jinseio Kaeru "Tsuzukeru" Shuukan by Takeshi Furukawa
Copyright © 2010 Takeshi Furukawa
All rights reserved.
Original Japanese edition published by Nippon Jitsugyo Publishing Co.,Ltd.

Simplified Chinese translation copyright © 2016 by Ginkgo (Bejing) Book Co.,Ltd. Industry.
This Simplified Chinese edtion published by arrangement with Nippon Jitsugyo Publishing Co.,Ltd.,Tokyo, through HonnoKizuna, Inc., Tokyo, and Bardon Chinese Media Agency
本书中文简体版由银杏树下（北京）图书有限责任公司出版发行。

坚持，一种可以养成的习惯

著　　者：[日]古川武士　　　　　译　者：陈美瑛
出 品 人：赵红仕　　　　　　　　选题策划：后浪出版公司
出版统筹：吴兴元　　　　　　　　特约编辑：张　怡
责任编辑：李　征　　　　　　　　封面设计：王　琳
营销推广：ONEBOOK　　　　　　　装帧制造：墨白空间

北京联合出版公司出版
（北京市西城区德外大街83号楼9层　100088）
天津中印联印务有限公司印刷　新华书店经销
字数96千字　889毫米×1194毫米　1/32　5.75印张　插页2
2016年5月第1版　2022年6月第13次印刷
ISBN 978-7-5502-7227-9
定价：36.00元

后浪出版咨询(北京)有限责任公司　版权所有，侵权必究
投诉信箱：copyright@hinabook.com　　fawu@hinabook.com
未经许可，不得以任何方式复制或者抄袭本书部分或全部内容
本书若有印、装质量问题，请与本公司联系调换，电话010-64072833

《抗压力》

比学历和智商更重要的"抗压力"锻炼法
日本商业精英首选抗压指南

著　　者：［日］久世浩司
译　　者：贾耀平
书　　号：978-7-5502-6432-8
出版时间：2015.12
定　　价：32.00元

　　本书能让你摆脱消极情绪的恶性循环，用运动、音乐、呼吸、写作，物理手段助你神清气爽，一身轻松。它可以帮你分门别类应对各色思维定式，还原内心最真实的声音。它还能让你通过科学的手段培养自我效能感，用获取成功体验、观察他人成功经验、接受他人鼓励和营造兴奋氛围的四大途径重拾自信，斗志昂扬。锻炼抗压力，你还可以了解自己的优势，有效规避弱点，用你能做的，做你想做的。

内容简介

　　为什么身为同样才华横溢的商业精英，有人能攀上事业高峰，有人却中途败退？

　　你是否曾经陷入害怕失败、逃避任务、裹足不前的消极状态？

　　我们如何拥有更幸福的职场体验、事业前景与人生？

　　你需要做的不是一味积极乐观向前看，而是掌握在逆境中直面消极情绪、应对压力的技巧。本书作者久世浩司从他在世界500强公司宝洁的多年工作中总结经验，提出了在著名商学院里也无法学到的道理——"抗压力"的重要性。他针对现代人容易遇到的种种压力来源与情况，提出了培养抗压力的七大实用技能，这些诀窍也是他在日本积极心理学学校面向大众进行培训时教授内容的精华所在。不只是商业人士，从企业到院校，从老人到儿童，掌握抗压力就像养成定期运动的好习惯一样，可以让任何人受益终生。